艺术设计 ARTDESIGN

# 产品手绘效果图表现技法

CHANPIN SHOUHUI XIAOGUOTU BIAOXIAN JIFA

熊莎 著

华中科技大学出版社
http://www.hustp.com
中国·武汉

## 内 容 简 介

本书从产品线条的绘制开始讲解，即使是没有一点基础的非美术生也可以学习。本书分为两个部分，第一部分为产品效果图的绘制，讲解了线条的绘制、产品的透视技巧、线条绘制的粗细变化、倒角的绘制，以及将产品造型由简到繁绘制的方法。第二部分为产品效果图的着色，先介绍了着色工具及其使用方法，然后从基本形体（立方体与圆柱体）入手，分析并讲解马克笔的上色技巧。在着色案例章节，对案例进行了分步骤讲解，让读者能清楚地掌握马克笔的上色流程及技法；在效果图的版面设计章节，讲解了效果图的版面设计需包括的内容及注意要点，并附有分步骤讲解的效果图版面设计案例，让读者能够系统地了解其绘制方法与步骤。最后提供学生的优秀作品供参考。

**图书在版编目（CIP）数据**

产品手绘效果图表现技法 / 熊莎著. — 武汉：华中科技大学出版社，2019.2（2025.1重印）
ISBN 978-7-5680-5000-5

Ⅰ.①产…  Ⅱ.①熊…  Ⅲ.①产品设计–绘画技法–高等职业教育—教材  Ⅳ.①TB472

中国版本图书馆 CIP 数据核字(2019)第 021317 号

**产品手绘效果图表现技法**                                                                    熊 莎 著
Chanpin Shouhui Xiaoguotu Biaoxian Jifa

策划编辑：彭中军
责任编辑：史永霞
封面设计：孢 子
责任监印：朱 玢
出版发行：华中科技大学出版社（中国·武汉）          电话：(027) 81321913
　　　　　武汉市东湖新技术开发区华工科技园          邮编：430223
录　　排：武汉正风天下文化发展有限公司
印　　刷：广东虎彩云印刷有限公司
开　　本：880 mm × 1230 mm　1/16
印　　张：6
字　　数：189 千字
版　　次：2025 年 1 月第 1 版第 2 次印刷
定　　价：49.00 元

# 国家示范性高等职业院校艺术设计专业精品教材
## 高职高专艺术学门类"十三五"规划教材
### 基于高职高专艺术设计传媒大类课程教学与教材开发的研究成果实践教材

## 编审委员会名单

■ **顾　问**　（排名不分先后）

王国川　教育部高职高专教指委协联办主任
陈文龙　教育部高等学校高职高专艺术设计类专业教学指导委员会副主任委员
彭　亮　教育部高等学校高职高专艺术设计类专业教学指导委员会副主任委员
夏万爽　教育部高等学校高职高专艺术设计类专业教学指导委员会委员
陈　希　全国行业职业教育教学指导委员会民族技艺职业教育教学指导委员会委员
陈　新　全国行业职业教育教学指导委员会民族技艺职业教育教学指导委员会委员

■ **总　序**

姜大源　教育部职业技术教育中心研究所学术委员会秘书长
　　　　《中国职业技术教育》杂志主编
　　　　中国职业技术教育学会理事、教学工作委员会副主任、职教课程理论与开发研究会主任

■ **编审委员会**　（排名不分先后）

| | | | | | | | | | | |
|---|---|---|---|---|---|---|---|---|---|---|
| 万良保 | 吴帆 | 黄立元 | 陈艳麒 | 许兴国 | 肖新华 | 杨志红 | 李胜林 | 裴兵 | 张程 | 吴琰 |
| 葛玉珍 | 任雪玲 | 汪帆 | 黄达 | 殷辛 | 廖运升 | 王茜 | 廖婉华 | 张容容 | 张震甫 | 薛保华 |
| 汪帆 | 余戡平 | 陈锦忠 | 张晓红 | 马金萍 | 乔艺峰 | 丁春娟 | 蒋尚文 | 龙英 | 吴玉红 | 岳金莲 |
| 瞿思思 | 肖楚才 | 刘小艳 | 郝灵生 | 郑伟方 | 李翠玉 | 覃京燕 | 朱圳基 | 石晓岚 | 赵璐 | 洪易娜 |
| 李华 | 刘严 | 杨艳芳 | 李璇 | 郑蓉蓉 | 梁茜 | 邱萌 | 李茂虎 | 潘春利 | 张歆旎 | 黄亮 |
| 翁蕾蕾 | 刘雪花 | 朱岱力 | 熊莎 | 欧阳丹 | 钱丹丹 | 高倬君 | 姜金泽 | 徐斌 | 王兆熊 | 鲁娟 |
| 余思慧 | 袁丽萍 | 盛国森 | 林蛟 | 黄兵桥 | 肖友民 | 曾易平 | 白光泽 | 郭新宇 | 刘素平 | 李征 |
| 许磊 | 万晓梅 | 侯利阳 | 王宏 | 秦红兰 | 胡信 | 王唯茵 | 唐晓辉 | 刘媛媛 | 马丽芳 | 张远珑 |
| 李松励 | 金秋月 | 冯越峰 | 李琳琳 | 董雪 | 王双科 | 潘静 | 张成子 | 张丹丹 | 李琰 | 胡成明 |
| 黄海宏 | 郑灵燕 | 杨平 | 陈杨飞 | 王汝恒 | 李锦林 | 矫荣波 | 邓学峰 | 吴天中 | 邵爱民 | 王慧 |
| 余辉 | 杜伟 | 王佳 | 税明丽 | 陈超 | 吴金柱 | 陈崇刚 | 杨超 | 李楠 | 陈春花 | 罗时武 |
| 武建林 | 刘晔 | 陈旭彤 | 乔璐 | 管学理 | 权凌枫 | 张勇 | 冷先平 | 任康丽 | 严昶新 | 孙晓明 |
| 戚彬 | 许增健 | 余学伟 | 陈绪春 | 姚鹏 | 王翠萍 | 李琳 | 刘君 | 孙建军 | 孟祥云 | 徐勤 |
| 李兰 | 桂元龙 | 江敬艳 | 刘兴邦 | 陈峥强 | 朱琴 | 王海燕 | 熊勇 | 孙秀春 | 姚志奇 | 袁铀 |
| 杨淑珍 | 李迎丹 | 黄彦 | 谢岚 | 肖机灵 | 韩云霞 | 刘卷 | 刘洪 | 董萍 | 赵家富 | 常丽群 |
| 刘永福 | 姜淑媛 | 郑楠 | 张春燕 | 史树秋 | 陈杰 | 牛晓鹏 | 谷莉 | 刘金刚 | 汲晓辉 | 刘利志 |
| 高昕 | 刘璞 | 杨晓飞 | 高卿 | 陈志勤 | 江广城 | 钱明学 | 于娜 | 杨清虎 | 徐琳 | 彭华容 |
| 何雄飞 | 刘娜 | 于兴财 | 胡勇 | 颜文明 | | | | | | |

# 国家示范性高等职业院校艺术设计专业精品教材

## 高职高专艺术学门类"十三五"规划教材

### 基于高职高专艺术设计传媒大类课程教学与教材开发的研究成果实践教材

## 组编院校(排名不分先后)

| | | |
|---|---|---|
| 广州番禺职业技术学院 | 湖南大众传媒职业技术学院 | 天津轻工职业技术学院 |
| 深圳职业技术学院 | 黄冈职业技术学院 | 重庆城市管理职业学院 |
| 天津职业大学 | 无锡商业职业技术学院 | 顺德职业技术学院 |
| 广西机电职业技术学院 | 南宁职业技术学院 | 武汉职业技术学院 |
| 常州轻工职业技术学院 | 广西建设职业技术学院 | 黑龙江建筑职业技术学院 |
| 邢台职业技术学院 | 江汉艺术职业学院 | 乌鲁木齐职业大学 |
| 长江职业学院 | 淄博职业学院 | 黑龙江省艺术设计协会 |
| 上海工艺美术职业学院 | 温州职业技术学院 | 冀中职业学院 |
| 山东科技职业学院 | 邯郸职业技术学院 | 湖南中医药大学 |
| 随州职业技术学院 | 湖南女子学院 | 广西大学农学院 |
| 大连艺术职业学院 | 广东文艺职业学院 | 山东理工大学 |
| 潍坊职业学院 | 宁波职业技术学院 | 湖北工业大学 |
| 广州城市职业学院 | 潮汕职业技术学院 | 重庆三峡学院美术学院 |
| 武汉商学院 | 四川建筑职业技术学院 | 湖北经济学院 |
| 甘肃林业职业技术学院 | 海口经济学院 | 内蒙古农业大学 |
| 湖南科技职业学院 | 威海职业学院 | 重庆工商大学设计艺术学院 |
| 鄂州职业大学 | 襄阳职业技术学院 | 石家庄学院 |
| 武汉交通职业学院 | 武汉工业职业技术学院 | 河北科技大学理工学院 |
| 石家庄东方美术职业学院 | 南通纺织职业技术学院 | 江南大学 |
| 漳州职业技术学院 | 四川国际标榜职业学院 | 北京科技大学 |
| 广东岭南职业技术学院 | 陕西服装艺术职业学院 | 湖北文理学院 |
| 石家庄科技工程职业学院 | 湖北生态工程职业技术学院 | 南阳理工学院 |
| 湖北生物科技职业学院 | 重庆工商职业学院 | 广西职业技术学院 |
| 重庆航天职业技术学院 | 重庆工贸职业技术学院 | 三峡电力职业学院 |
| 江苏信息职业技术学院 | 宁夏职业技术学院 | 唐山学院 |
| 湖南工业职业技术学院 | 无锡工艺职业技术学院 | 苏州经贸职业技术学院 |
| 无锡南洋职业技术学院 | 云南经济管理职业学院 | 唐山工业职业技术学院 |
| 武汉软件工程职业学院 | 内蒙古商贸职业学院 | 广东纺织职业技术学院 |
| 湖南民族职业学院 | 湖北工业职业技术学院 | 昆明冶金高等专科学校 |
| 湖南环境生物职业技术学院 | 青岛职业技术学院 | 江西财经大学 |
| 长春职业技术学院 | 湖北交通职业技术学院 | 天津财经大学珠江学院 |
| 石家庄职业技术学院 | 绵阳职业技术学院 | 广东科技贸易职业学院 |
| 河北工业职业技术学院 | 湖北职业技术学院 | 武汉科技大学城市学院 |
| 广东建设职业技术学院 | 浙江同济科技职业学院 | 广东轻工职业技术学院 |
| 辽宁经济职业技术学院 | 沈阳市于洪区职业教育中心 | 辽宁装备制造职业技术学院 |
| 武昌理工学院 | 安徽现代信息工程职业学院 | 湖北城市建设职业技术学院 |
| 武汉城市职业学院 | 武汉民政职业学院 | 黑龙江林业职业技术学院 |
| 武汉船舶职业技术学院 | 湖北轻工职业技术学院 | 四川天一学院 |
| 四川长江职业学院 | 成都理工大学广播影视学院 | |

前言

CHANPIN SHOUHUI XIAOGUOTU BIAOXIAN JIFA

# QIANYAN

### 1. 产品设计手绘的目的

在信息越来越发达的今天，计算机已经普及开来，并影响着各行各业，尤其是设计行业。逼真的光影及材质效果，被很多学生膜拜，手绘越来越不受重视，但很多同学忽视了一点，创意刚刚开始时，以及需要对创意进行推敲及修改的时候，都需要立马进行记录。由于建模需要一定的时间，会限制设计思维的展开，所以在设计开始的阶段，需借助手绘这一传统的技法来进行。

产品设计手绘除了上述的记录思维及其过程的功能外，另一个很重要的功能是解说，对产品的各种属性进行详细的说明，如比例关系、结构、色彩、材质、造型、使用状态等，帮助人们理解这个产品，方便与客户及技术人员沟通。当然，现在有很多同学非常注重产品效果图的技法，但只讲求艺术性，不注重功能性，手绘效果图画得再好也只是一幅图，只有先保证其功能，再去谈艺术，才算抓住了工业产品设计手绘最核心的作用——实用。

### 2. 学生要对自己有信心

产品设计专业的学生有很多是没有美术基础的，因此在手绘效果图课程开设之初，很多同学都担心自己画不来，学不好这门课程。但我觉得，同学们首先得对自己有信心，虽说没有美术基础的同学会比有美术基础的同学学得慢点，但在你学到一定阶段，掌握了绘制的基本技巧及方法后，你会发现与美术生的差距越来越小，最后没有差距。我们班有半数同学都没有美术基础，但在课程结束时，手绘出来的效果图已经与美术生没有区别了。所以，首先得对自己有信心，相信自己能将这门课程学好，手绘最重要的技巧其实是认真与勤奋。

### 3. 分析产品的能力

在碰到造型稍微复杂的产品时，分析产品的能力就显得非常重要了。通过分析，我们可以将复杂的造型以简单的形体方式表现出来，并且通过简化造型还能帮助设计师理解产品的造型。当基本的简单造型确定后，再来绘制该产品的细节，先大后小，这是产品效果图绘制的流程。

作 者
2018.9

# 目录

CHANPIN SHOUHUI XIAOGUOTU BIAOXIAN JIFA

## MULU

# 第一部分
# 产品效果图的绘制..............................

X C HANPIN
SHOUHUI
XIAOGUOTU
BIAOXIAN JIFA

线条的绘制工具有以下四种：

（1）铅笔。打稿时一般用颜色较浅的铅笔，如2B铅笔。开始时颜色可以打浅点，方便对线稿进行修改，因为反复用橡皮擦，容易对纸张造成磨损，不便于后期的马克笔上色。如果已经造成纸张磨损，可以将线稿复印后再上色。

（2）针管笔。与铅笔相比，针管笔由于画后不能修改，所以要求绘图者对线条的控制力更为精确。针管笔有粗细之分，一般0.05 mm的为最细，0.8 mm的为最粗，可以酌情购买3支不同粗细的笔。

（3）彩色铅笔。彩色铅笔分为水溶性彩铅和一般性彩铅，建议购买水溶性彩铅，其较一般性彩铅颜色更细腻，颜色跨度也更大。在颜色的选择上，一般用得较多的为黑、白两色，主要用于效果图绘制完成后对暗部加深和高光提亮。

（4）高光笔。高光笔主要用来绘制产品的高光部分，产品的高光如能留出是最好的，如不能留出，可后期用高光笔勾画出来。

针管笔

彩色铅笔

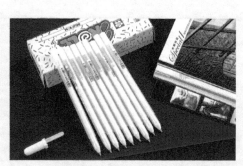

高光笔

# 第一章

# 线条的绘制 ◀◀◀

## 一、科学的绘图姿态　　　　　　　　　　　　　　　　　　　　　　ONE

　　初学绘画的学生常常将绘图板平放在桌面上进行绘画，其实这种姿势不利于绘图，因为最好的视图角度是90°，而将绘图板放在桌面，其视角会小于90°，画面的透视会发生变形，不利于绘图者对透视的把握。正确的绘图姿势为，将绘图板一端靠腰间，另一端靠工作台，使得绘图板与视线成90°的角，如图1-1所示。

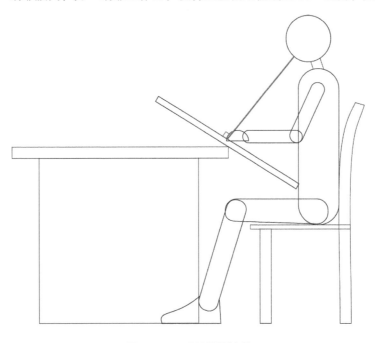

图1-1　正确的绘图姿势

## 二、直线的绘制　　　　　　　　　　　　　　　　　　　　　　　TWO

### 1. 直线绘制易犯的错误

　　绘制直线时，初学者最易犯的错误为不自觉地以手肘为中心绘制，这样绘制出来的线条往往不是直线，而是一条弧线，如图1-2所示。

**2. 正确的直线绘制方法**

绘制直线时，常用的方法是先确定线条的两个端点，然后将手腕与手肘同时移动带动笔尖，在两点间做直线运动，如图1-3所示。

图1-2 以手肘为中心所绘制的直线　　　　　　图1-3 用正确方法绘制的直线

# 三、曲线的绘制　　　　　　　　　　THREE

### 1. 随机性曲线

在绘制随机性曲线时，一般先确定3到4个节点，然后移动笔尖并通过各个节点来完成曲线的绘制。

### 2. 抛物线

在绘制抛物线时，要注意其透视的变化，因为在绘图中单纯的抛物线应用较少，一般都是有一定的透视关系的。其绘制步骤如下：

① 画出透视的方框；

② 在透视方框中，绘制中线，找到3点。

初学者如果觉得3点绘制抛物线有困难，可以引出图1-4所示的两条线，并取中间大概1/3线段的点，这样可以得到5点，通过这5点来绘制透视抛物线。

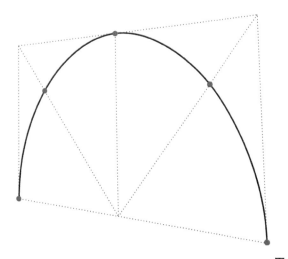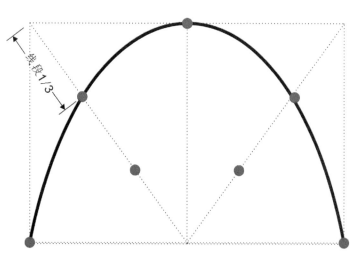

图1-4 5点抛物线绘制

# 四、圆与椭圆的绘制　　　　　　　FOUR

### 1. 圆的绘制

① 绘制一个正方形的方框，如图1-5（a）所示；

② 找到正方形四边的各个中心点，并连接起来形成一个田字格，如图1-5（b）所示；

③ 依据这四点绘制一个正圆形，如图1-5（c）所示。

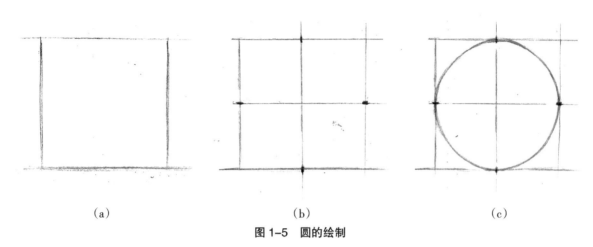

（a）　　　　　　　　　　　　　（b）　　　　　　　　　　　　　（c）

图 1-5　圆的绘制

## 2. 椭圆的绘制

椭圆形的绘制同理于正圆形的绘制，只是其正方形的外框变成了长方形，如图 1-6 所示。同时，长方形的形状决定了椭圆形的圆度，长方形越接近于正方形，其椭圆的圆度越大；反之，长方形越接近于一条直线，则椭圆的圆度越小。

# 五、等边三角形的绘制 　　　　　FIVE

如图 1-7 所示，绘制等边三角形的方法是：

① 绘制一个椭圆形；

② 过椭圆形中心点绘制一条直线；

③ 把该直线的一半平分；

④ 找到这条直线的端点，并过该端点绘制切线；

⑤ 将该切线平移到切分点上，与椭圆形相交形成两个交点；

⑥ 连接直线的另外一端的端点和两个交点，就得到一个等边三角形的透视图。

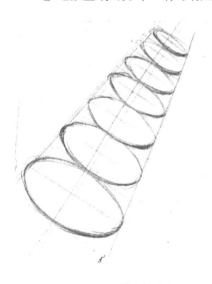

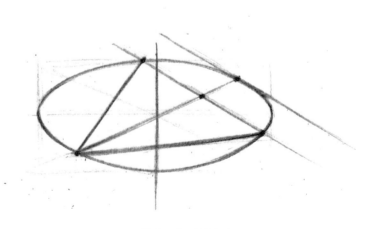

图 1-6　椭圆的绘制　　　　　　　　　　　　　　图 1-7　等边三角形的绘制

# 第二章

# 透视的基本技巧 《《《

## 一、立方体透视图的绘制 ONE

### 1. 一点透视

物体的某一基准面与图面平行时形成的透视关系称为一点透视。其特征为，与图面平行的线长宽比例不变，只发生近大远小的变化，垂直线的长度将由长至短，最终消失于一点，如图 2-1 所示。

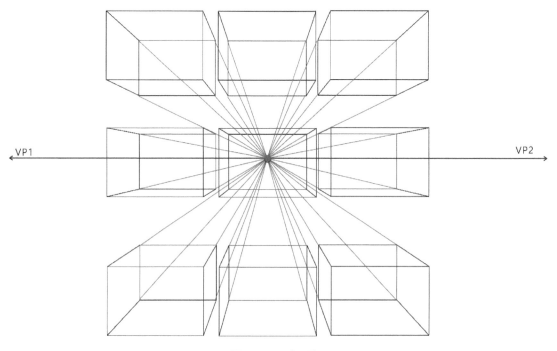

图 2-1　一点透视

### 2. 两点透视

1）45°角立方体的绘制

45°角立方体展示的产品的两个面都是一样的大小，较为均等。该透视相对于 30°~60°角立方体而言，较容易掌握，但缺点是两个展示面太过均等，无重点展示面。

45° 角立方体的绘制步骤如下：

① 绘制水平直线段 VP1–VP2，找到该线段的中心点 CV，过 CV 点向下做垂线；

② 在该垂线上找到任意点 N，绘制直线，即连接 VP1 与 N 点、VP2 与 N 点；

③ 在线段 CV–N 上找到任意一点并向 VP1–N 和 VP2–N 做水平线，相交得到 C、D 两点；

④ 以线段 CD 为半径绘制 45° 的圆弧，得到 D0 点，过 D0 点做水平线段；

⑤ 通过 C、D 两点向该线做垂线，确定水平线上 A、B 两点的位置，并最终得到矩形 ABDC，如图 2-2 所示；

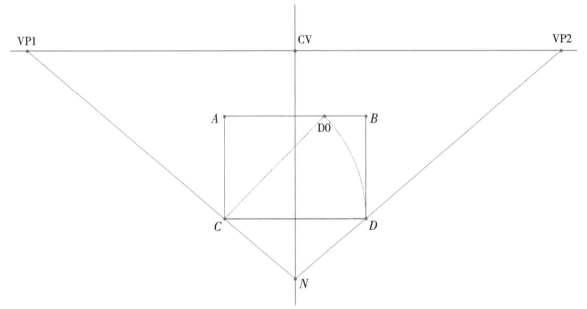

图 2-2　45° 角立方体的绘制（1）

⑥ 连接 VP1–A，并向 CV–N 线段延长，交其于点 H；

⑦ 连接线段 B–VP1、A–VP2、H–VP2，得到所绘制的 45° 角立方体，如图 2-3 所示。

**注意**：A、C 点的高度平行于 B、D 两点，同时 ACNH 面与 BDNH 面的大小、形状一致。

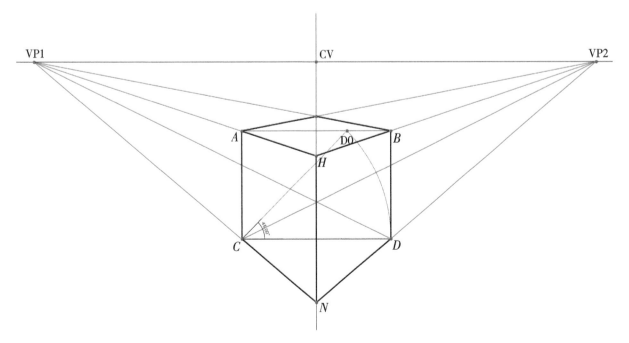

图 2-3　45° 角立方体的绘制（2）

**提示：** 如需向左或向右再绘制一个立方体，可先在 *ND* 的延长线上找到 D1 点，然后依据该点绘制 +1 的立方体，如图 2-4 所示。

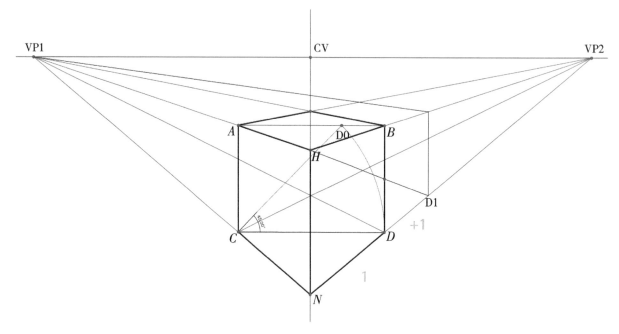

图 2-4　+1 立方体的绘制

2）30°~60° 角立方体的绘制

① 绘制线段 VP1–VP2，并找到该线段的四分之一点 CV，过 CV 点向下做垂线。

② 在上面找到任意点 *N*，过 *N* 点做水平线，在该水平线上定义任意点 *Y*。

③ 以 *NY* 为半径做半圆，得到点 *H* 与 *X*。

④ 连接点 *N*–VP1、*N*–VP2、*H*–VP1、*H*–VP2，如图 2-5 所示。

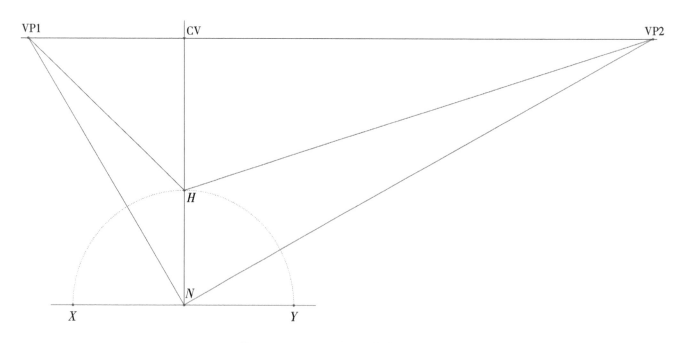

图 2-5　30°~60° 角立方体的绘制（1）

⑤ 找到线段 VP1–CV 的中心点 MPX，VP1–VP2 的中心点 MPY。

⑥ 连接点 $X$–MPY、$Y$–MPX，得到线段相交点 $C$、$D$，如图 2-6 所示。

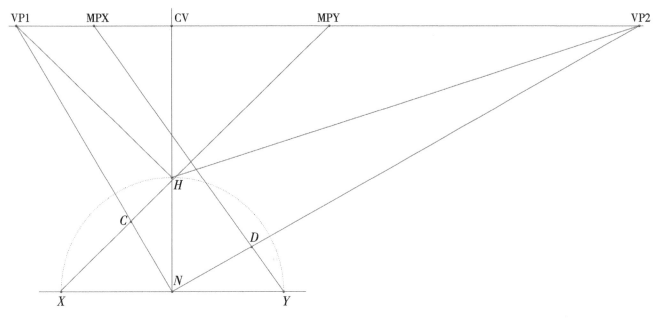

**图 2-6　30°～60° 角立方体的绘制（2）**

⑦ 过点 $C$ 向线段 VP1–$H$ 引垂线，得到点 $A$；过点 $D$ 向线段 VP2–$H$ 引垂线，得到点 $B$，如图 2-7 所示。

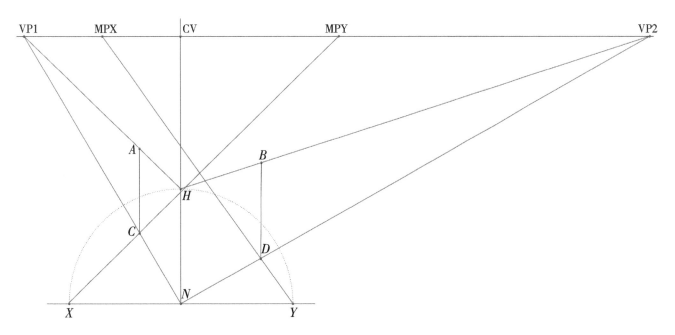

**图 2-7　30°～60° 角立方体的绘制（3）**

⑧ 连接线段 $A$–VP2，$B$–VP1，得到图 2-8 所示的 30°～60° 角立方体。

**注意：** $A$、$C$ 点的高度要分别高于 $B$、$D$ 两点。

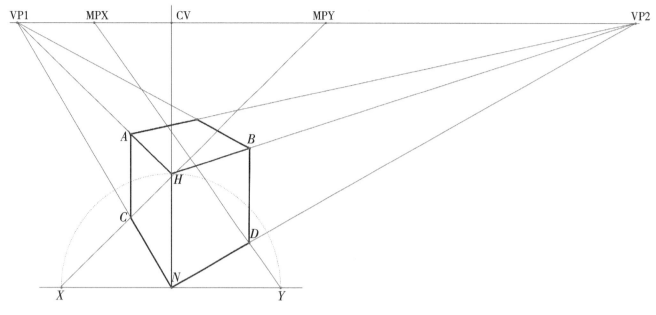

图 2-8  30°~60° 角立方体的绘制（4）

# 二、圆柱体透视图的绘制 TWO

### 1. 横向圆柱体产品的绘制

横向圆柱体的产品有很多种，其中具有代表性的小家电产品为吹风机。其透视关系为：距离 $Y$ 轴越近，椭圆形越接近直线；距离 $Y$ 轴越远，越接近正圆形。其透视关系如图 2-9 所示。

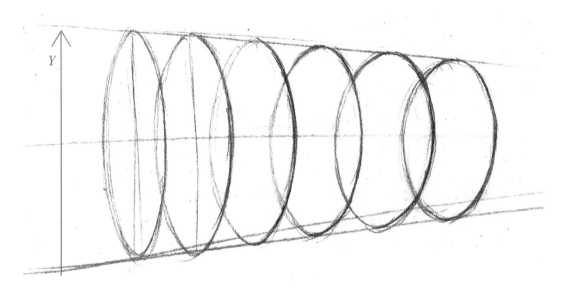

图 2-9  椭圆的水平透视关系变化

图 2-10 所示为吹风机的水平透视变化。图 2-11 所示为耳机的水平透视变化。

### 2. 纵向圆柱体产品的绘制

纵向圆柱体产品的透视变化与我们的视平线有关：距离视平线越近，椭圆越接近于直线；距离视平线越远，其越接近于正圆。纵向椭圆的透视变化如图 2-12 所示。

图 2-13 至图 2-15 所示为椭圆的透视变化案例。

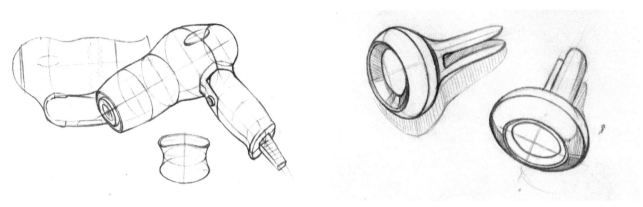

图 2-10 吹风机的水平透视变化　　　　　　图 2-11 耳机的水平透视变化

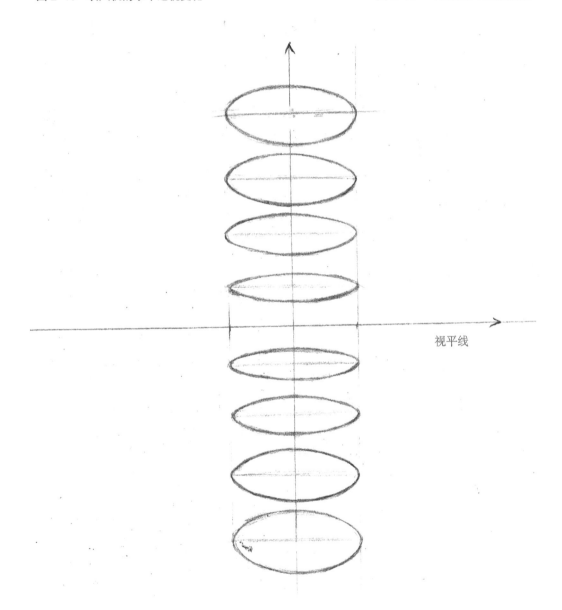

图 2-12 纵向椭圆的透视变化

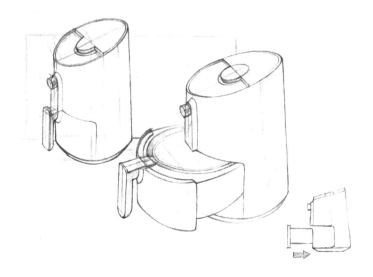

图 2-13　椭圆的透视变化案例（1）

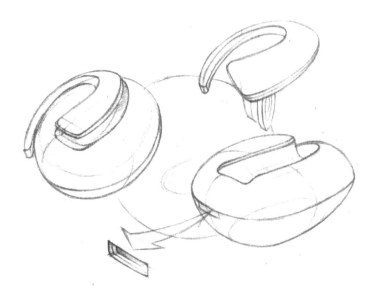

图 2-14　椭圆的透视变化案例（2）

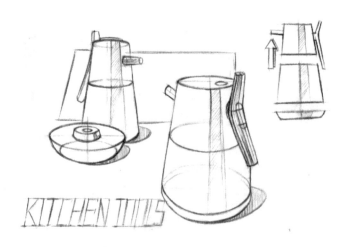

图 2-15　椭圆的透视变化案例（3）

# 第三章

# 线条的粗细变化 《《《

## 一、线条的分类　　　　　　　　　　　　　　　　　　　ONE

产品手绘效果图的线框共有四种类型，分别如下：

（1）轮廓线，产品与白色纸面的交界线，如图 3-1 红线所示；

（2）分模线，产品拼接时产生的接缝，如图 3-2 红线所示；

（3）结构线，产品面与面之间的交界线，如图 3-3 红线所示；

（4）断面辅助线，产品的居中横截面线，如图 3-4 红线所示。断面辅助线是四种线型中唯一一种不真实存在的，由设计者加上的线条，其用途主要是帮助理解产品的曲面变化，如图 3-5 所示。

图 3-1　轮廓线

图 3-2　分模线

图 3-3　结构线

图 3-4　断面辅助线

图 3-5　断面辅助线示例

# 二、线条的粗细变化　　　　　　　　　　　　　TWO

（1）如果抛开光对物体线条粗细变化的影响，产品线条粗细的变化规律如下：

轮廓线 > 分模线 > 结构线 > 断面辅助线

（2）如果加入光照的效果，一般接近光源的线条要细些，远离光源的线条要粗些，如图 3-6 所示。

（3）抛开线型及光照对线条粗细的影响，线条一般在拐弯处要粗些，如图 3-7 所示，在该耳机大的转弯处，线条都进行了加粗处理。

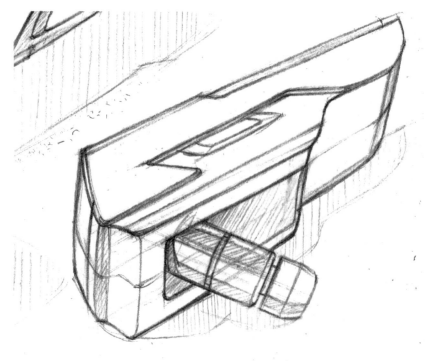

图 3-6　光对线条粗细的影响

图 3-7 拐弯对线条粗细的影响

第四章

# 倒角的绘制 《《《

倒角是产品设计时对产品边角的常用处理方法。

## 一、倒角的分类　　　　　　　　　　　　　　　　　ONE

（1）按照形状，倒角可以分为方角和圆角，如图 4-1 所示。

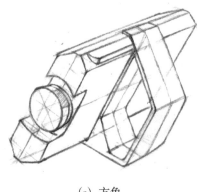 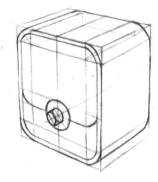

　　　　（a）方角　　　　　　　　　　　　　　　　（b）圆角

**图 4-1　倒角的形状**

（2）按照其方向，倒角可以分为单向倒角和复合倒角，如图 4-2 所示。

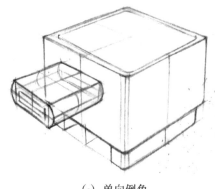 

　　　　（a）单向倒角　　　　　　　　　　　　　　（b）复合倒角

**图 4-2　倒角的方向**

# 二、倒角的绘制

TWO

### 1. 方角的绘制

① 确定方角的大小，如图 4-3 所示；

② 向需倒角的另一面引辅助线段，如图 4-4 所示；

③ 连接需倒角的对角线，方角绘制完毕，如图 4-5 所示。

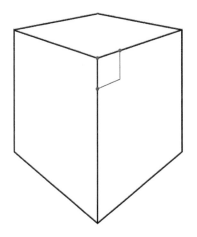

图 4-3 方角大小的确定

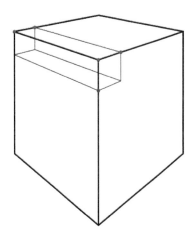

图 4-4 辅助线的绘制

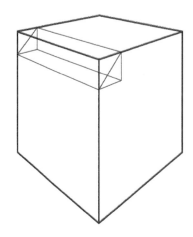

图 4-5 方角绘制完毕

### 2. 圆角的绘制

圆角的绘制方法同方角的绘制方法相似，只是在对角线上选取大概三分之一处做弧线，绘制圆角，如图 4-6 所示。

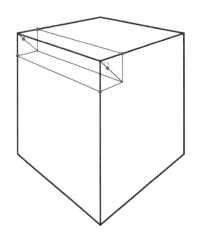

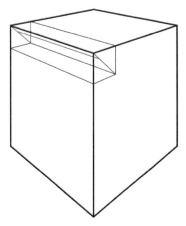

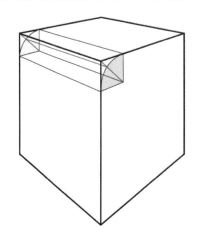

图 4-6 圆角的绘制

### 3. 复合倒角的绘制

复合倒角指的是不同方向的倒角结合在一起的造型。大部分产品都含有复合倒角，其大小和方向对产品的外观会产生重大的影响。

绘制复合倒角时往往要绘制相对应的辅助线来帮助我们理解该产品的造型。在一般的产品设计中，复合圆角较常使用，不同方向圆角的大小很可能是不一样的，对于这种产品的绘制，我们一般先绘制大而明显的圆角，再绘制那些小的、细节部分的圆角。如图 4-7 所示，该相机是一个使用复合圆角设计的产品，我们绘制时可以先绘制机身上大的圆角，再绘制上部小的圆角部分。

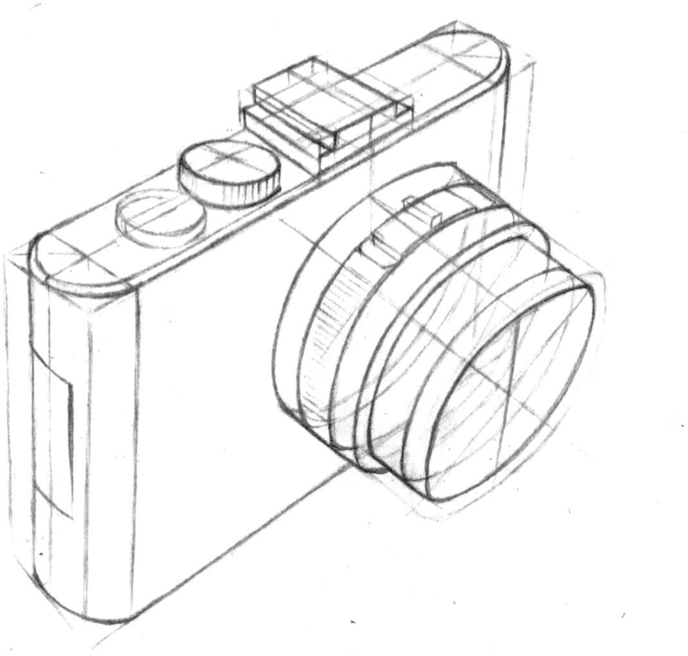

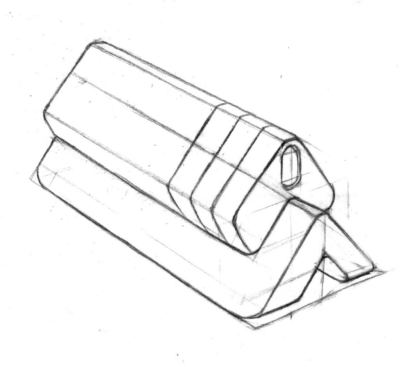

图 4-7　复合圆角的绘制

### 4. 倒圆角产品案例

图 4-8 至图 4-10 所示为倒圆角产品案例。

图 4-8　倒圆角产品案例（1）

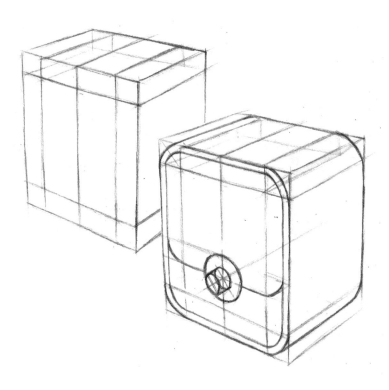

图 4-9　倒圆角产品案例（2）

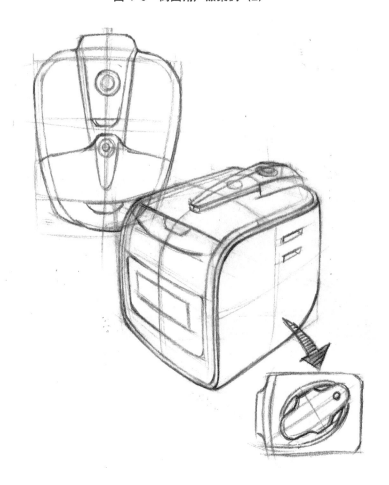

图 4-10　倒圆角产品案例（3）

**第五章**

# 由简单到复杂产品的绘制 《《《

　　绘制效果图时，为了提高画图的效率与准确率，往往会将一些复杂的造型进行简化和概括，这样能发现复杂产品外观下的基本结构特征，有利于我们很好地把握该产品的透视图。其绘制的大概思路是先简化产品的造型，造型无论多么复杂，都可以简化为基本形，或是基本形的相加或相减；其次研究产品各部分是如何连接的，它的相关细节是什么，由整体到局部进行，从而大大提高绘图效率。

## 一、由简到繁产品的绘制　　　　　　　　　　　　　　　ONE

### 1. USB 插口

　　人们在拿到某件产品的绘制效果图时，观察的往往是产品的细节，殊不知细节是最后绘制的。我们应先观察产品的外观，找到与其类似的基本形后，再在基本形之上进行形态的加减法，最终得到我们所需的产品造型。下面将讲解 USB 插口的具体绘制方法。

　　① USB 插口的外形跟长扁形态的立方体类似，首先绘制一个长扁形态的立方体，如图 5-1 所示。

　　② 在立方体之上根据 USB 产品的造型定位好图 5-2 所示的红色小点。

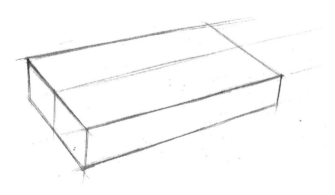

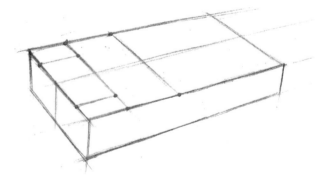

图 5-1　绘制一个长扁形态的立方体　　　　　　　　　图 5-2　定位红色小点

　　③ 将这些红色小点相连接，如图 5-3 所示。

　　④ 在立方体的底面确定好插口的大小及位置，如图 5-4 所示。

　　⑤ 过点向右引线段，并确定 USB 插口的长度，最后将线段连接，得到图 5-5。

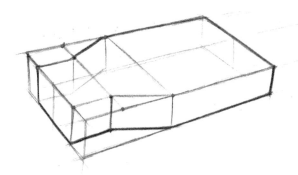

图 5-3　连接红色小点

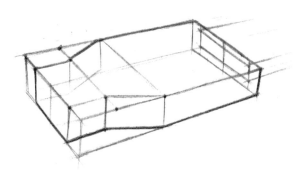

图 5-4　确定插口的大小及位置

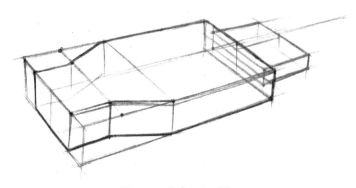

图 5-5　完成 USB 插口

## 2. 方形插头

步骤一：依据插头的外形，将其简化为一个立方体的造型，绘制插头的细节部分，标出插头的凸起面和金属插片的位置，具体绘制如图 5-6 所示。

步骤二：根据插头的造型特征，对其进行增删和细节修饰，直至将产品的结构特征表达清楚，如图 5-7 所示。

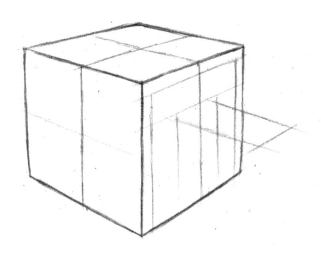

图 5-6　方形插口绘制步骤一

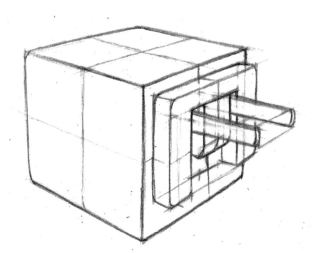

图 5-7　方形插口绘制步骤二

## 3. 相机

步骤一：将相机简化为基本形，并将其绘制出来，如图 5-8 所示。

步骤二：绘制相机的圆角及镜头部分，如图 5-9 所示。

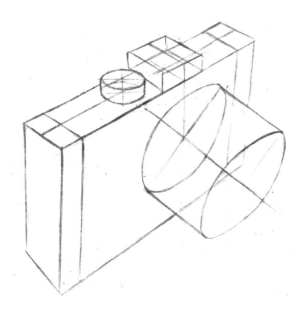

图 5-8　相机绘制步骤一

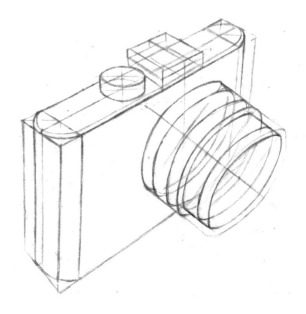

图 5-9　相机绘制步骤二

步骤三：对细节进行刻画，如图 5-10 所示。

步骤四：完善，最终效果如图 5-11 所示。

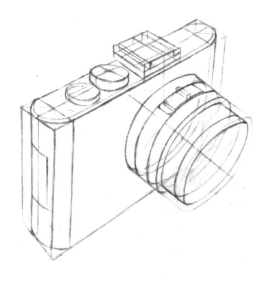

图 5-10　相机绘制步骤三

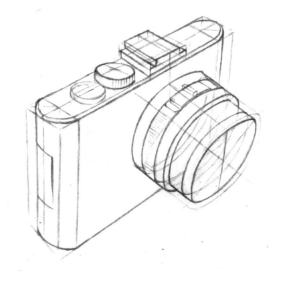

图 5-11　相机绘制步骤四

# 二、由简到繁产品绘制的练习　　　　　　　TWO

插座的组合图如图 5-12 和图 5-13 所示。

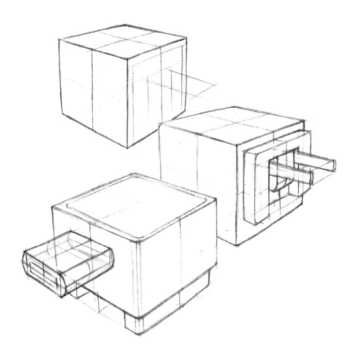

图 5-12　插座的组合图（1）

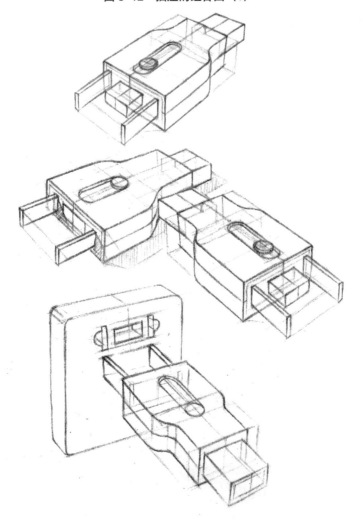

图 5-13　插座的组合图（2）

缝纫机效果图如图 5-14 所示。

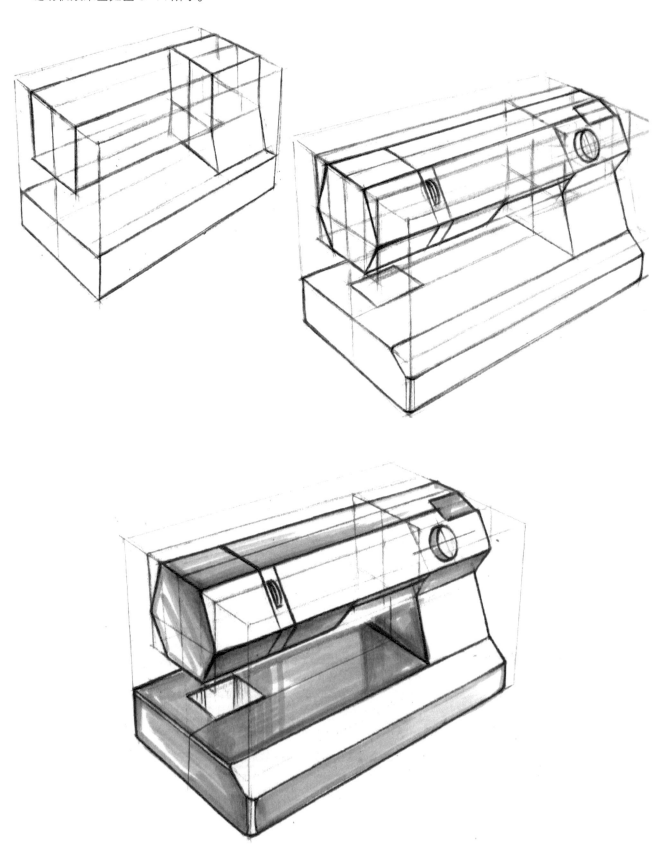

图 5-14  缝纫机效果图

电水壶效果图如图 5-15 所示。

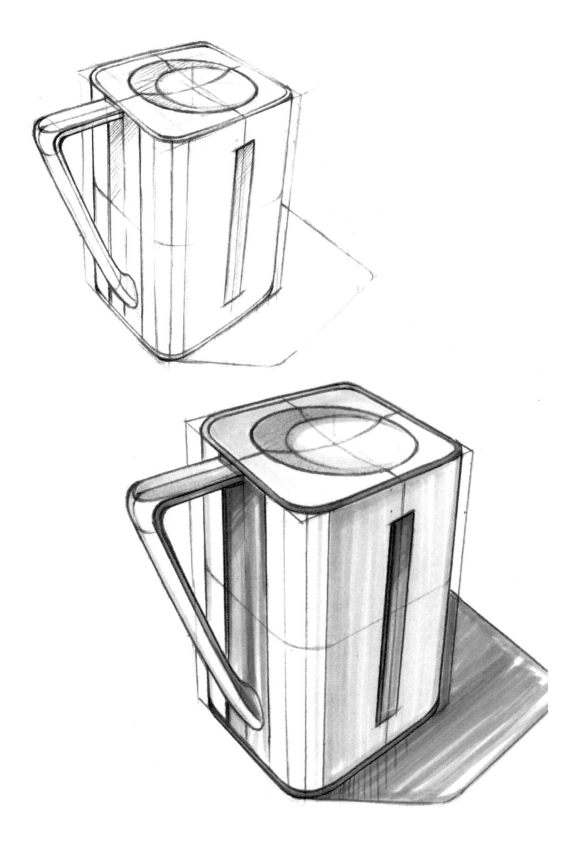

图 5-15　电水壶效果图

手持式吸尘器效果图如图 5-16 所示。

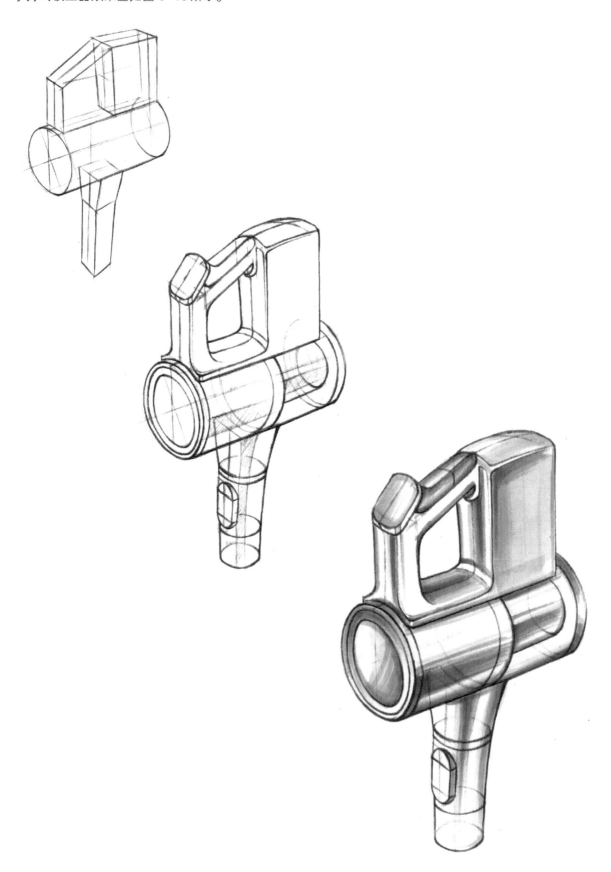

图 5-16　手持式吸尘器效果图

卷尺效果图如图 5-17 所示。

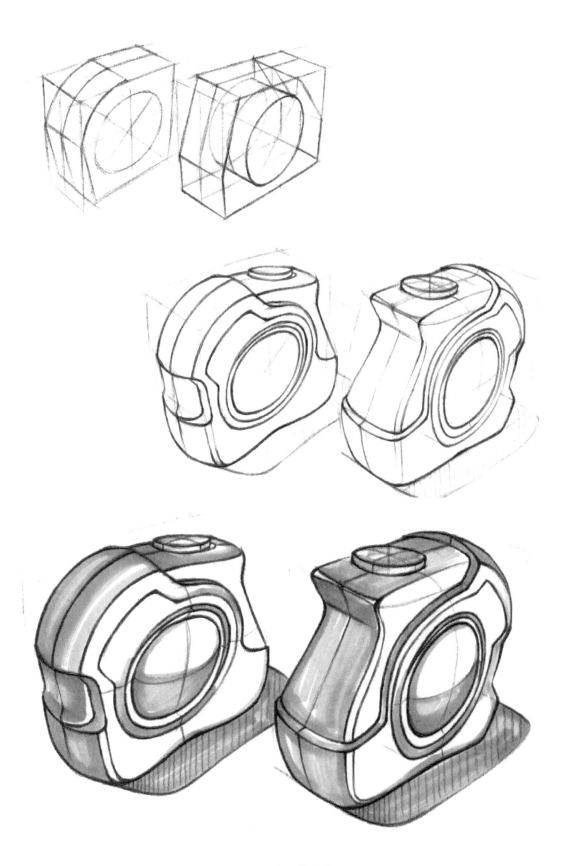

图 5-17　卷尺效果图

小音响效果图如图 5-18 所示。

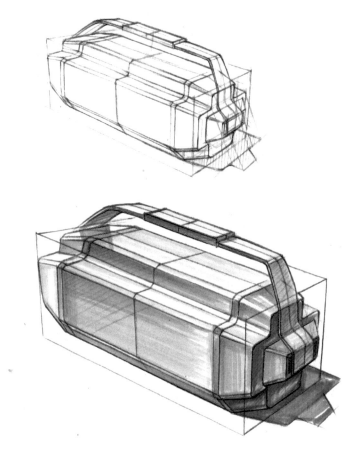

图 5-18　小音响效果图

吃药提示盒效果图如图 5-19 所示。

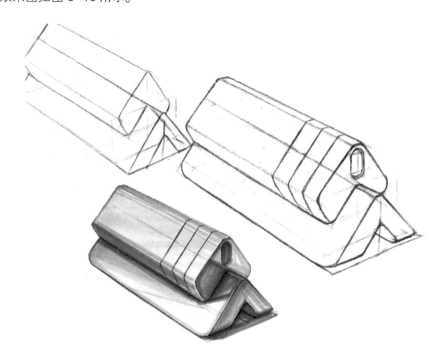

图 5-19　吃药提示盒效果图

# 第二部分
# 产品效果图的着色

C HANPIN
SHOUHUI
X IAOGUOTU
B IAOXIAN J IFA

## 第六章

# 着色工具的介绍
# 及其使用方法

《《《

---

## 一、马克笔 ONE

### 1. 马克笔的介绍

马克笔以其快捷、速干、耐光等性能深受从业者的亲睐，是当前使用最广泛的设计手绘着色工具之一。马克笔按溶剂不同可分为水性、油性、酒精三种类型，按笔头可分为单头和双头，现阶段使用较多的为油性双头笔，如图 6-1 所示。

常见的马克笔品牌有 COPIC、Touch、KURECOLOR 等，初学者可用 Touch（较为经济的品牌）进行训练。

产品手绘效果图相比于其他设计类效果图对于马克笔颜色的要求是不一样的。

马克笔的颜色可分为无彩色和有彩色。

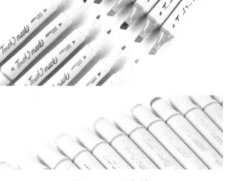

图 6-1 马克笔

1）无彩色

对于无彩色而言，马克笔将其分为几种不同色彩倾向的灰色，以 Touch 马克笔为例，分为 CG（冷灰）、WG（暖灰）、BG（偏蓝色的灰）等，一般用得比较多的灰色为 CG，其次为 WG。颜色的深浅是通过数字来区分的，如 CG1~CG9，其中 CG1 为浅灰，CG9 为深灰。

2）有彩色

根据有彩色的色相，将有彩色分为红色系列、黄色系列、蓝色系列等。在购买有彩色马克笔的时候可以先选择色相，然后每种色相购买 3~4 支马克笔，如购买红色系列马克笔时，可以购买正红、浅红、深红各一支。初学者购买 2~3 个色相的马克笔即可。

### 2. 马克笔笔触的训练

初学者开始绘制效果图之前，需进行马克笔的笔触训练，具体如下：

1）竖向笔触

将笔触竖向绘制至终点，注意中间不要停顿，尽量一笔画完，并控制好用笔的速度，绘制不要过慢。图 6-2 所示为竖向笔触及其应用。

**图6-2　竖向笔触及其应用**

2）横向笔触

将笔触横向绘制至终点，注意腕部不要转动，要进行平移绘制。图6-3所示为横向笔触及其应用。

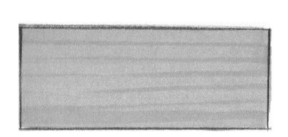

**图6-3　横向笔触及其应用**

3）衰减笔触

由起点开始绘制，并将笔头逐渐脱离纸面，形成逐渐消失渐变的效果。图6-4所示为衰减笔触及其应用。

**图6-4　衰减笔触及其应用**

4）渐变笔触

用马克笔的底端一角开始绘制，主要表现面的明暗渐变效果。图6-5所示为渐变笔触及其应用。

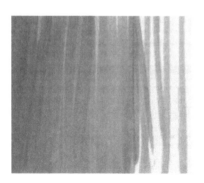
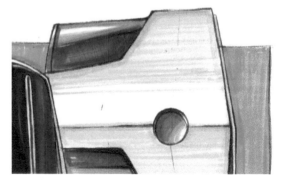

**图6-5　渐变笔触及其应用**

## 二、色粉条 TWO

### 1. 色粉条的介绍

色粉条（见图 6-6）的外形类似于粉笔，多用于表达光滑的材质，表现细腻的色彩过渡效果。在产品设计手绘中，它与马克笔发挥着各自的作用，是一组常见的"好搭档"。色粉条主要用来表达产品灰度面到高光面的过渡效果。常见的品牌有马利、樱花、雄狮等，颜色有 24 色、36 色、48 色等不同类型。

图 6-6 色粉条

### 2. 色粉条的使用方法

色粉条的形状类似于粉笔，可先用小刀将色粉条刮成颗粒，由于色粉条颗粒较粗，可在其中加入婴儿爽身粉，并将婴儿爽身粉与色粉颗粒搅拌均匀，再根据需求将化妆棉折叠成所需的形状进行绘制，效果如图 6-7 所示。为避免色粉出界，可对所涂范围进行遮挡。

图 6-7 色粉条的使用方法

## 三、高光绘制工具 THREE

高光可通过留白和绘制两种方法实现，通常如果通过留白可实现高光效果的话是最好的，如果留白有困难，就需借助高光工具来绘制高光。常用的高光绘制工具有高光笔和白色彩铅。

### 1. 高光笔

高光笔的优点是覆盖能力比较强，一般用来表达较强的高光处，如图 6-8 所示。

### 2. 白色彩铅

白色彩铅（见图 6-9）的覆盖能力较弱，但较易掌控，一般用来绘制高光线及受光面。

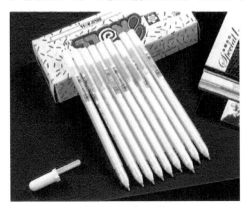

图 6-8 高光笔

图 6-9 白色彩铅

## 第七章

# 基本形体的着色分析　≪≪≪

## 一、立方体的着色　　　　　　　　　　　　ONE

在绘制产品效果图时，一般会将产品的默认光源点定位在左上角 45° 的地方。这里将以左上角 45° 光源角度为例，来讲解立方体的着色，如图 7-1 所示。

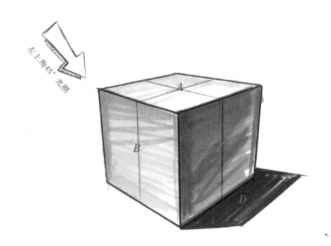

**图 7-1　立方体在 45° 光照下的明度变化**

**1. 立方体在 45° 光照下的明度分析**

在此立方体的着色分析中，不考虑色相，只考虑光照对其明度的变化。

（1）A 面为立方体的受光面，也是所有面中最亮的一个面，如图 7-1 所示，A 面用浅灰 CG1 绘制完成。

（2）B 面为立方体的灰面，是明度处于亮面和暗面之间的一个面，图 7-1 中该面用 CG3 绘制完成。

（3）C 面为立方体的暗面，为三个面中颜色最深的一个面，图 7-1 中该面用 CG5 绘制完成。

（4）D 面为立方体的投影部分，其明度与桌面明度有关，具体公式如下：

$$（桌面明度 + 黑色 CG10）/2$$

在图 7-1 中，桌面明度为 CG4，那么投影的明度为（CG4+CG10)/2=CG7，所以该立方体的阴影用 CG7 号马克笔绘制完成。

### 2. 面的上色技巧

（1）暗面：虽说我们已给每个面一个基本的明度，但每个面的明度并不是不变的。如图 7-2 所示，*C* 面虽为暗面，但图中的红线为其明暗交界线，该区域为立方体明度最暗的部分，该区域的左边由于受到桌面的反射，明度会有所提亮，所以暗面的绘制就会由深到浅，呈现不一样的明度。

（2）灰面：由于是左上角来光，灰面的上色变化规律是越靠近光源的地方，颜色越深，所以一般灰面的明度变化由左至右、由上至下逐渐变亮，如图 7-1 的 *B* 面所示。

（3）亮面：绘制亮面时，虽说是亮面，但明度同样是存在变化的，一般由上至下、由左至右明度变亮，如图 7-2 的 *A* 面所示。

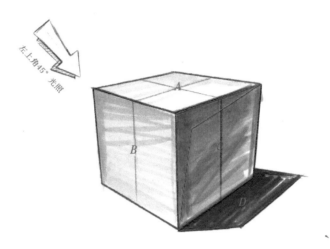

图 7-2　立方体的明暗交界线

## 二、圆柱体的着色　　　　　　　　　　　　　　　　　TWO

### 1. 45°光照下圆柱体的明暗五大调

如果将光源设定在左上角 45°的地方，那么圆柱体由左至右的明暗度变化就如图 7-3 所示。其侧面先是亮面（浅灰），然后是留白的高光部分，高光后有亮面，再后来是中灰的灰度面，接着是颜色最暗的明暗交界线，最后是暗部，由于反射的原因，其明度比明暗交界线略亮。

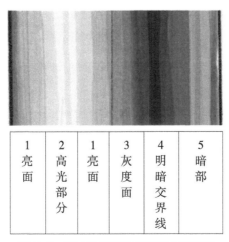

| 1 亮面 | 2 高光部分 | 1 亮面 | 3 灰度面 | 4 明暗交界线 | 5 暗部 |
|---|---|---|---|---|---|

图 7-3　圆柱体侧面的明暗五大调变化

圆柱体 45° 光照的最终效果如图 7-4 所示，其投影的明度取值同理于上面立方体的例子，而其顶面，由于光照的原因，其由左至右、由上至下明度会稍有增加。

**图 7-4 45° 光照下圆柱体的明暗变化**

### 2. 圆柱体上色技巧

在绘制光滑的有色产品时，该怎么处理呢？如图 7-5 所示，该咖啡机为一个黄色的圆柱体，采用光滑的塑料作为其材质，我们该怎样表达这五大调呢？

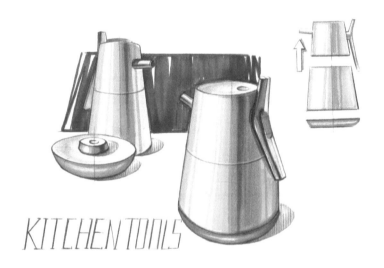

KITCHEN TOOLS

**图 7-5 圆柱体上色技巧**

（1）暗部：一般这个面颜色比较深，但由于桌面对其的反射，颜色又相对于明暗交界线浅，并且其颜色除了受到产品固有色的影响外，还与反射桌面的颜色有关。

（2）明暗交界线：暗部与亮部交界之处，也为产品颜色最深的地方，可在最后绘制时用深色马克笔加深。

（3）灰度面：这个区域是产品本来颜色的体现处，一般为物体本来的颜色，用颜色比较纯的马克笔来表达。

（4）亮面：为灰面与高光部分的过渡区域，可用色粉条来表达其细腻的质感。

（5）高光部分：为产品最亮的部分，一般留白或用高光笔来表达。

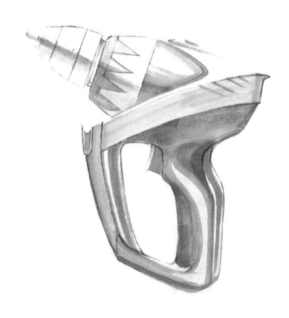

# 第八章

# 着色案例 《《《

在使用马克笔对产品进行上色时，一般先浅后深，可用 CG2 或 CG3 开始起笔，随着笔触的叠加，颜色会逐渐加深。但需注意的是，一般叠加三遍后，颜色将不再加深，笔触叠加太多还会导致纸面的浸染。

## 一、案例——电钻　　　　　　　　　　　　　　　　　　　　ONE

该案例是电钻的侧视图，相对于透视图而言，侧视图较为容易绘制。

步骤一：用灰色 CG3 起稿，着色该电钻的暗部区域，如图 8-1 所示。

步骤二：绘制电钻的灰度面，灰度面一般为产品的原色，该电钻为黄色，就用黄色马克笔表达该面，如图 8-2 所示。

步骤三：用深灰色马克笔进一步对电钻进行绘制，如图 8-3 所示。

步骤四：用色粉条上黄色马克笔区域至高光的过渡部分，来表达塑料材质的光滑效果，如图 8-4 所示。

图 8-1　电钻绘制步骤一

图 8-2　电钻绘制步骤二

图 8-3　电钻绘制步骤三

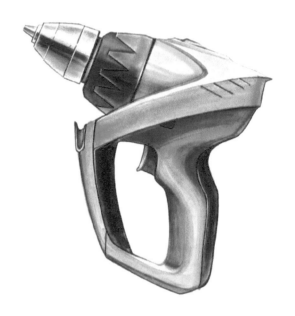

图 8-4　电钻绘制步骤四

电钻的最终效果图如图 8-5 所示。

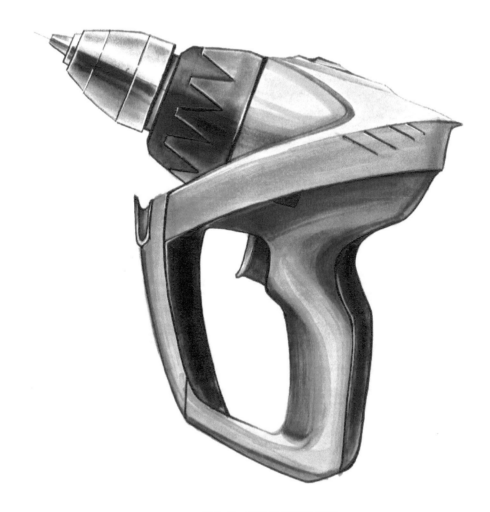

图 8-5　电钻的最终效果图

## 二、案例——耳机 TWO

耳机的绘制步骤如下:

步骤一:用铅笔打好线框稿,如图 8-6 所示。

步骤二:用浅色的马克笔绘制大概的明暗关系,如图 8-7 所示。

步骤三:用深色马克笔进一步绘制,拉开明暗对比,如图 8-8 所示。

步骤四:进一步调整,并用浅色马克笔绘制亮部,如图 8-9 所示。

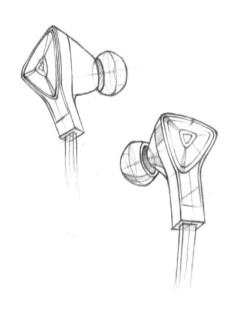

图 8-6 耳机绘制步骤一

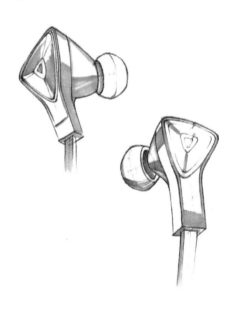

图 8-7 耳机绘制步骤二

图 8-8 耳机绘制步骤三

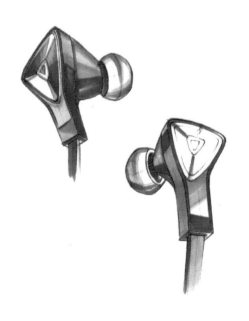

图 8-9 耳机绘制步骤四

步骤五：细节调整，用黑色彩铅勾线，最终效果图如图 8-10 所示。

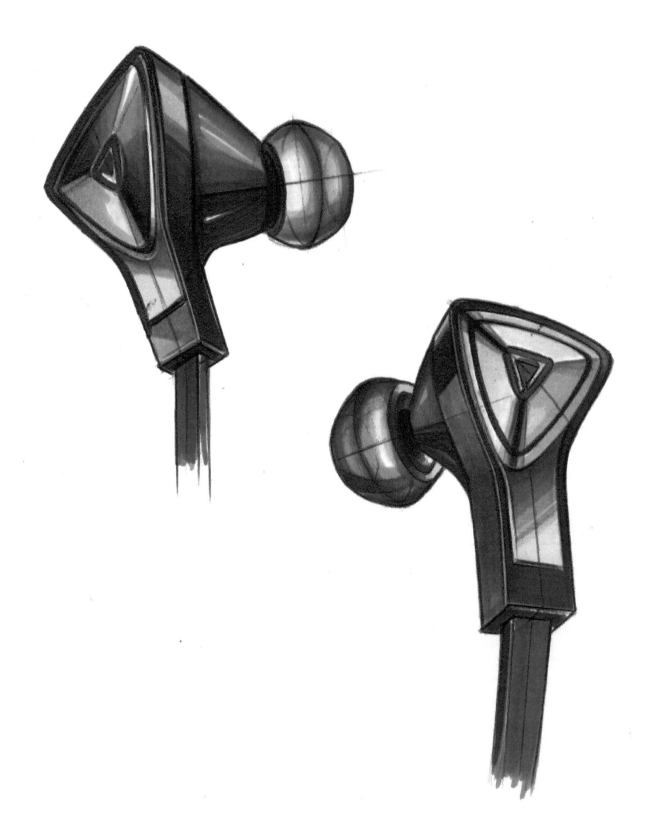

图 8-10　耳机的最终效果图

## 三、案例——吸尘器 1　　　　　　　　THREE

吸尘器 1 的绘制步骤如图 8-11 至图 8-15 所示，最终效果图如图 8-16 所示。

图 8-11　吸尘器 1 绘制步骤一

图 8-12　吸尘器 1 绘制步骤二

图 8-13　吸尘器 1 绘制步骤三

图 8-14　吸尘器 1 绘制步骤四

图 8-15　吸尘器 1 绘制步骤五

图 8-16　吸尘器 1 的最终效果图

## 四、案例——剃须刀 FOUR

剃须刀的表面较为光滑，表面的明暗对比较大，绘制时需注意拉开明暗五大调。

剃须刀的绘制步骤如图 8-17 至图 8-21 所示，最终效果图如图 8-22 所示。

图 8-17　剃须刀绘制步骤一

图 8-18　剃须刀绘制步骤二

图 8-19　剃须刀绘制步骤三

图 8-20　剃须刀绘制步骤四

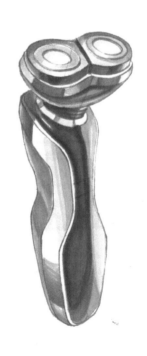

图 8-21　剃须刀绘制步骤五

图 8-22　剃须刀的最终效果图

# 五、案例——剪草机　　　　　　　　　　　　　　　　　FIVE

剪草机的绘制步骤如下：

步骤一：绘制线稿，可以将该形体简化为柱体加上立方体，如图 8-23 所示。

步骤二：用浅灰色马克笔上调，绘制出大概的明暗关系，如图 8-24 所示。

步骤三：依据产品的固有色，用黄色马克笔上色，如图 8-25 所示。

步骤四：用深色马克笔进一步绘制，拉开对比度，如图 8-26 所示。

步骤五：用黑色彩铅勾边，并进一步调整画面，用白色彩铅绘制高光线。最终效果图如图 8-27 所示。

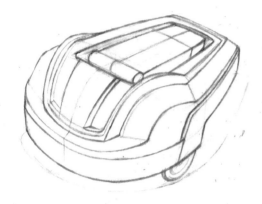

图 8-23　剪草机绘制步骤一

图 8-24　剪草机绘制步骤二

图 8-25　剪草机绘制步骤三

图 8-26　剪草机绘制步骤四

图 8-27　剪草机的最终效果图

## 六、案例——复合倒角产品 SIX

复合倒角产品的绘制步骤如下：

步骤一：绘制线稿，可以将该形体简化为立方体上的倒角图形，如图8-28所示。

步骤二：用浅灰色马克笔上调，绘制出大概的明暗关系，如图8-29所示。

步骤三：依据产品的固有色，用橙色马克笔上色，如图8-30所示。

步骤四：用深色马克笔进一步绘制，拉开对比度，如图8-31所示。

图8-28　复合倒角产品绘制步骤一

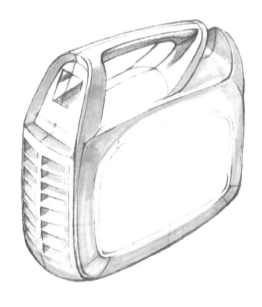

图8-29　复合倒角产品绘制步骤二

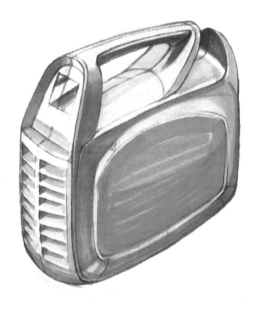

图8-30　复合倒角产品绘制步骤三

图8-31　复合倒角产品绘制步骤四

最终效果图如图 8-32 所示。

图 8-32　复合倒角产品的最终效果图

## 七、案例——相机　　　　　　　　SEVEN

步骤一：绘制线稿，可用立方体加柱体简化该造型，如图 8-33 所示。

图 8-33　相机绘制步骤一

步骤二：先用浅色马克笔绘制出大致的明暗关系，而后用深色马克笔进一步刻画，如图 8-34 所示。

图 8-34　相机绘制步骤二

步骤三：绘制阴影，并用黑色彩铅勾线，最终效果图如图 8-35 所示。

图 8-35　相机的最终效果图

## 八、案例——吸尘器 2　　　　　　　　　　　　　　　　EIGHT

吸尘器 2 的绘制步骤如下：

步骤一：绘制线稿，可以将该形体简化为立方体上的倒角图形，如图 8-36 所示。

步骤二：用浅灰色马克笔上调，绘制出大概的明暗关系，如图 8-37 所示。

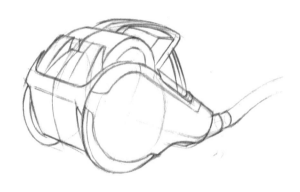

图 8-36　吸尘器 2 绘制步骤一　　　　　　　　　图 8-37　吸尘器 2 绘制步骤二

步骤三：依据产品的固有色，用黄色马克笔上色，如图 8-38 所示。

步骤四：用深色马克笔进一步绘制，拉开对比度，如图 8-39 所示。

步骤五：用黑色彩铅勾边，并进一步调整画面，用白色彩铅绘制高光线。最终效果图如图 8-40 所示。

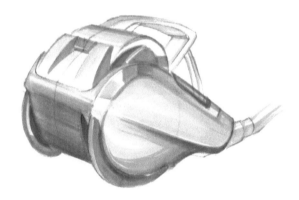

图 8-38　吸尘器 2 绘制步骤三　　　　　　　　　图 8-39　吸尘器 2 绘制步骤四

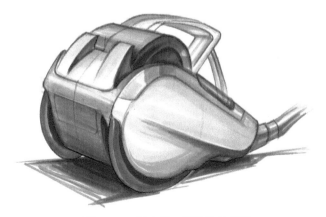

图 8-40　吸尘器 2 的最终效果图

## 九、案例——多面产品 NINE

绘制多面产品时，注意光对曲面的影响，如图 8-41 所示。

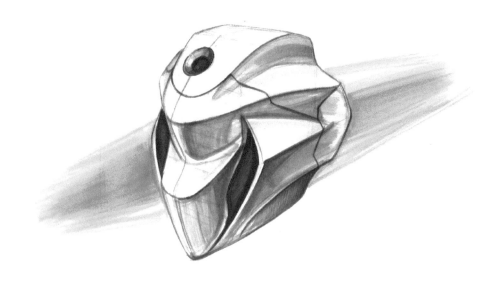

图 8-41　多面产品的绘制

## 十、案例——水泵 TEN

水泵绘制最终效果图如图 8-42 所示。

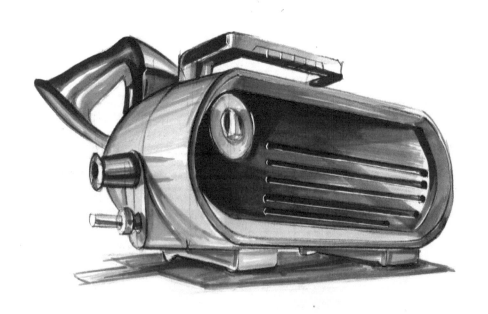

图 8-42　水泵的绘制

## 十一、案例——吃药提示盒     ELEVEN

吃药提示盒绘制最终效果图如图 8-43 所示。

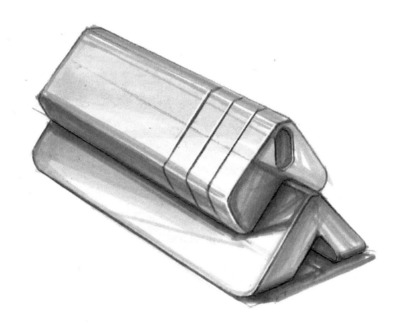

图 8-43　吃药提示盒绘制最终效果图

## 十二、案例——吹风机     TWELVE

吹风机绘制最终效果图如图 8-44 所示。

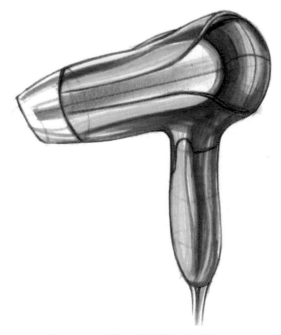

图 8-44　吹风机绘制最终效果图

# 第九章

# 效果图的版面设计 《《

## 一、效果图的排版 ONE

### 1.效果图版面所含内容

（1）主图：一般选择最能说明产品特点的图作为该产品的主图，让受众对该产品有一个整体的印象。图9-1
所示为某产品的主图。

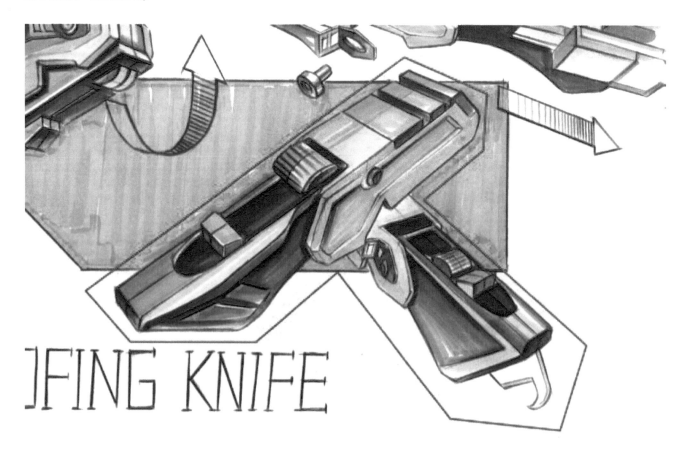

图9-1 主图

（2）辅图：通过其他视角的绘制来辅助人们对主图进行理解。图 9-2 所示为某产品的辅图。

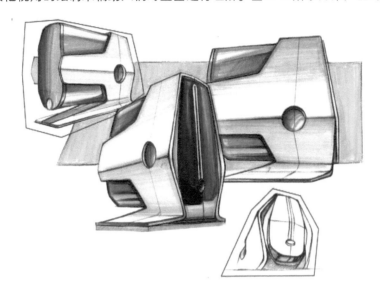

图 9-2　辅图

（3）爆炸图：让人们了解产品的结构及装配关系的图。图 9-3 所示为某产品的爆炸图。

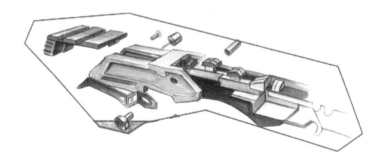

图 9-3　爆炸图

（4）细节图：对产品的细节进行补充和说明的图。图 9-4 所示为某产品的细节图。

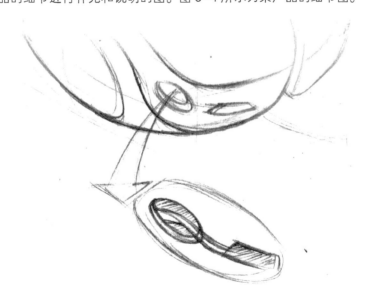

图 9-4　细节图

（5）使用方法图：让人们了解该产品的使用状态及方法的图。图 9-5 所示为某产品的使用方法图。

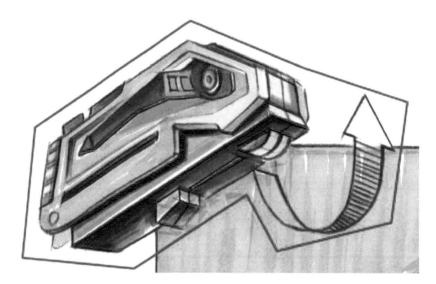

图 9-5　使用方法图

（6）其他信息：产品的名称、材料、标题等。

**2. 效果图版面设计的注意事项**

（1）一般选择 30°～60° 的角度来绘制主图，这样能很好地表达主展面。

（2）主图的位置一般位于整个版面的中间并稍向上的区域，其他的辅助信息则在周边。

（3）将不同视角的图进行叠加，这样会产生产品的空间感，并有主次关系，能激发设计师的灵感。一般主图在叠加顺序的前面，辅图在后。

（4）一般版面的绘制区域类似于一个三角形，这样的版式布局会给人一种较为稳定的感觉，并且下部所留区域比上部要多。

## 二、指示箭头的使用　　　　　　　　　　　　　　　　　TWO

指示箭头有以下几种：

（1）放大箭头。如图 9-6 所示，放大箭头是指示箭头中使用频率最高的一种，表示将某个区域抽出或放大，让人们能更好地理解产品的细节。

图 9-6　放大箭头示意放大耳机孔效果

（2）示意抽出箭头，如图9-7所示。

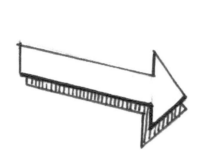
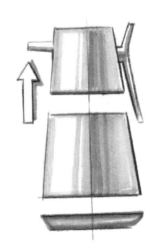

图9-7　抽出箭头示意咖啡壶的分解图

（3）示意折叠箭头，如图9-8所示。

图9-8　折叠箭头示意小刀为折叠刀

（4）翻转箭头，如图9-9所示。

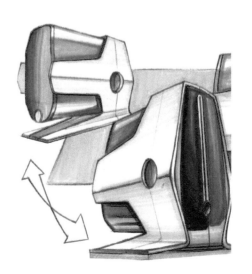

图9-9　翻转箭头示意机箱背面的效果

（5）左右旋转箭头，如图9-10所示。

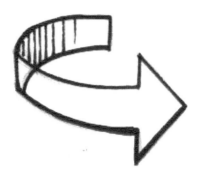

图9-10　左右旋转箭头

## 三、背景的处理 THREE

### 1. 背景的作用

（1）可以衬托产品，并塑造产品与环境的前后空间关系。

（2）可以将产品效果图的各个元素与部分串联起来，如主图、辅图、爆炸图等，形成一个整体。

### 2. 背景的上色规律

（1）在给产品背景上色时，我们应尽量拉开空间层次，也就是尽量拉大产品与背景的区别，以此来凸显产品。

（2）具体上色规则为：产品明度、纯度较高时，可用比较暗或灰色的背景；产品为灰色时，背景可采用纯度较高的色彩来凸显产品。背景上色规律示例如图9-11所示。在图9-11（a）中，产品为灰色时，背景采用纯度较高的颜色，以此来凸显灰色的产品；在图9-11（b）中，用比较深的颜色做背景，以此来凸显明黄色产品。

（a）　　　　　　　　　　　　　　　　　　　　（b）

图9-11　背景上色规律示例

## 四、案例 FOUR

### 案例1.咖啡壶

该咖啡壶的造型和圆柱体较为类似，所以其透视规律和上色技法都可参考圆柱体。

步骤一：根据该产品的特点，选择恰当的角度，选择主图与辅图，调整视角的主次关系，并通过背景将不同视角串联起来，形成一个统一的版面，同时绘制产品的标题等，如图9-12所示。

图9-12 咖啡壶线稿的绘制

步骤二：确定光源的角度，分析产品的受光面与背光面，该案例将以左上角45°光照来进行分析与绘制。由于该产品的造型和圆柱体较为相似，在上色时可以先找到该物体的明暗交界线，由此开始绘制。由于咖啡壶的表面较为光滑，所以需拉开产品的五大调，使其有较为明显的高光与反光，如图9-13所示。

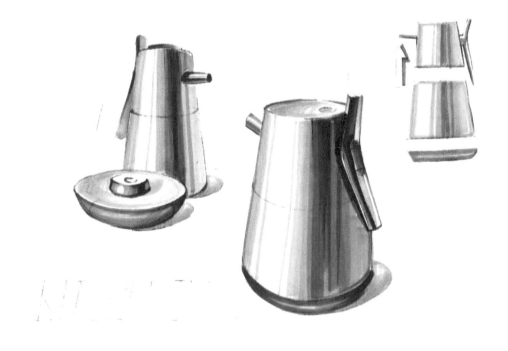

图9-13 咖啡壶大体色调的绘制

步骤三：依据咖啡壶的颜色，绘制产品的背景，由于该背景的形状为长条形，建议用马克笔绘制时纵向布局笔触，如图9-14所示。

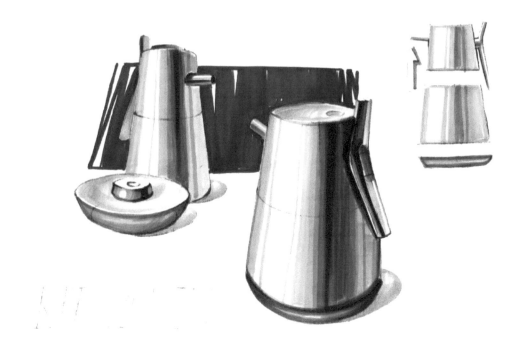

**图9-14　产品背景的绘制**

步骤四：用黑色彩铅刻画细节，并用白色彩铅绘制高光线，最终效果图如图9-15所示。

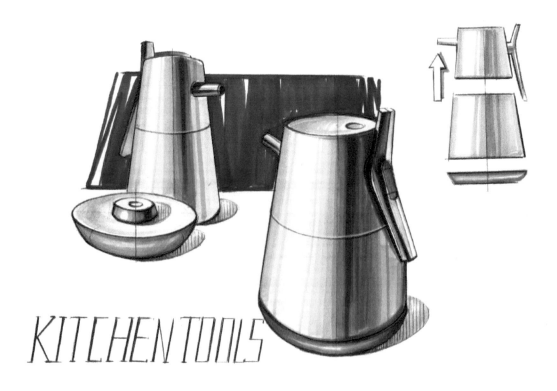

**图9-15　咖啡壶最终效果图**

**案例 2.小音响**

该音响的造型类似于立方体，对其线稿的绘制可以从立方体开始，再由简到繁地绘制。而该产品的着色也可参考立方体的着色要点，默认从左上角 45° 来光，以此来确定音响的暗面、灰度面、亮面。

步骤一：从版面的整体布局，选择合适的视角作为音响的主图及辅图，并确定哪些细节需放大处理，开始起稿，如图 9-16 所示。

图 9-16 音响线稿的绘制

步骤二：依据光源的角度，用灰色马克笔（一般用 CG3）给产品绘制大概的明暗效果，如图 9-17 所示。

图 9-17 用灰色马克笔画出大致的明暗关系

步骤三：依据明暗关系及产品的颜色，用黄色马克笔给音响着色，效果如图 9-18 所示。

图 9-18　用黄色马克笔给音响着色

步骤四：依据明暗关系，对音响进一步刻画，用浅黄色马克笔绘制音响的亮部，同时用深灰色马克笔对对象做进一步刻画，如图 9-19 所示。

图 9-19　对音响做进一步刻画

步骤五：调整版式，绘制背景的轮廓与指示箭头，并用马克笔绘制音响的投影部分，如图 9-20 所示。由于音响的暗部颜色已较暗，所以投影用了中灰色来表达，以此与暗部区分。投影颜色除前面所讲的换算公式外，还与对象的暗部有关，需与所绘产品的暗部区域有差距。

图 9-20  绘制音响的投影

步骤六：做最后的细节调整，用马克笔给背景上色，用黑色彩铅勾线(勾线时需注意线条的粗细变化)，用白色彩铅绘制高光线，最终效果如图 9-21 所示。

图 9-21  音响的最终效果图

**案例 3.计算机机箱**

机箱的整个造型虽说不是很规则，但我们依旧可以从立方体开始入手，由简到繁地来绘制机箱的结构。

步骤一：依据机箱的产品特点，确定该产品的主图、辅图，以及整个版面的布局，绘制线稿，如图 9-22 所示。

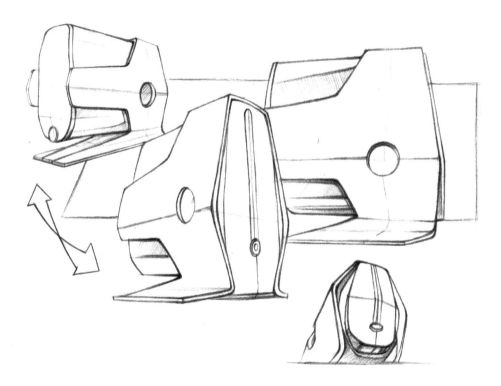

图 9-22 机箱的线稿

步骤二：确定光源的照射角度，该案例依旧以左上角 45°作为其光照角度，用浅灰色马克笔起稿着色，绘制机箱大概的明暗关系，效果如图 9-23 所示。

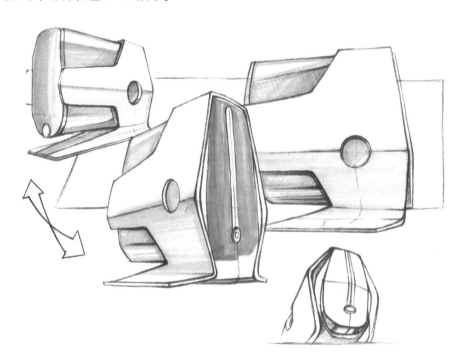

图 9-23 用浅灰色马克笔画大致的明暗关系

步骤三：用中灰色马克笔依据光照关系进一步刻画，效果如图 9-24 所示。

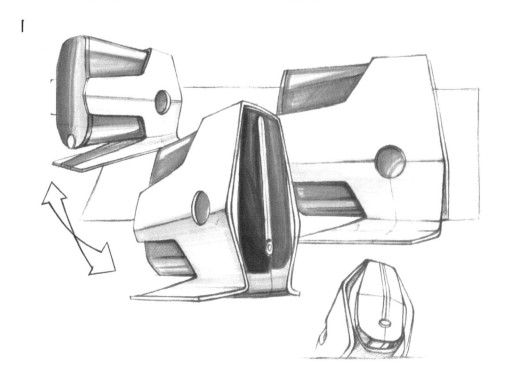

图 9-24　用中灰色马克笔进一步刻画

步骤四：用深灰色马克笔进一步刻画、着色，同时用浅灰色马克笔（CG1 或 CG2)绘制亮部，效果如图 9-25所示。

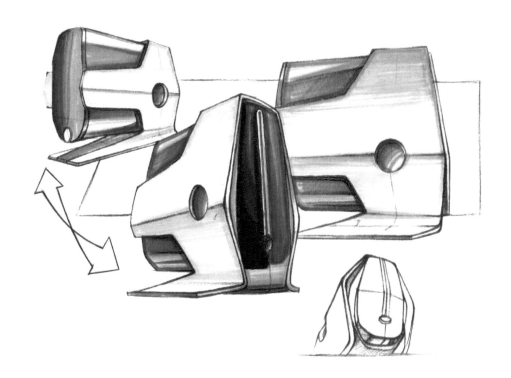

图 9-25　用深灰色马克笔进一步刻画、着色，用浅灰色马克笔绘制亮部

步骤五：由于机箱的颜色主要是灰色系，所以背景可用纯度较高的颜色（此案例用的是黄色）来表达，以此与产品拉大差距，效果如图9-26所示。

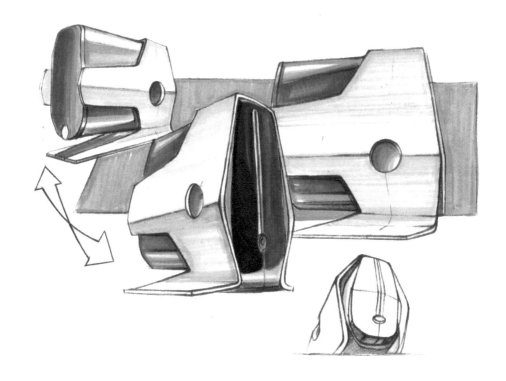

图9-26　绘制背景

步骤六：调整细节，用黑色彩铅勾线，注意线条的粗细变化，用白色彩铅绘制高光线，效果如图9-27所示。

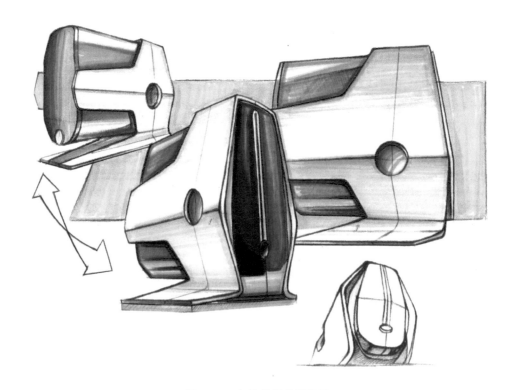

图9-27　机箱的最终效果图

**案例 4.小刀**

小刀的外观造型可以从立方体着手，由简到繁地绘制，同时注意断面辅助线的走向并把握产品的整体透视及造型。

步骤一：依据小刀的产品特点，确定该产品的主图、辅图，以及整个版面的布局，绘制线稿，如图 9-28 所示。

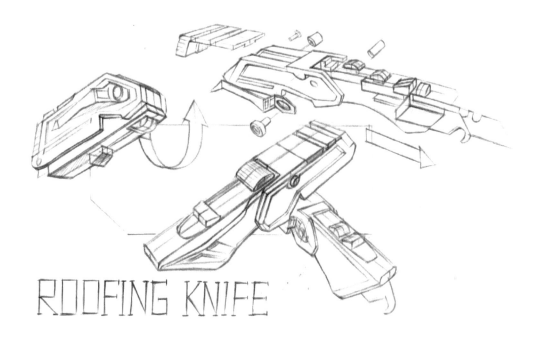

**图 9-28  铅笔起稿**

步骤二：确定光照的方向，分析小刀的明暗关系，用浅灰色马克笔绘制，如图 9-29 所示。

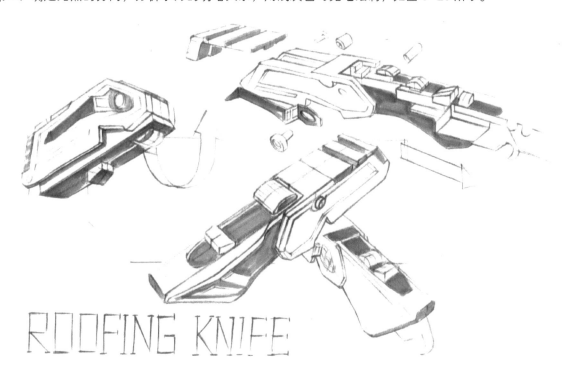

**图 9-29  用浅灰色马克笔绘制大概的明暗关系**

步骤三：依据明暗关系及产品的颜色，用黄色马克笔给小刀着色，效果如图 9-30 所示。

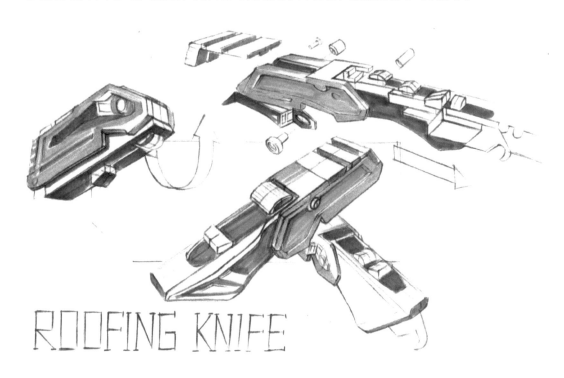

图 9-30    用黄色马克笔着色

步骤四：用深灰色马克笔继续对小刀进行刻画，并用马克笔给背景着色，如图 9-31 所示。

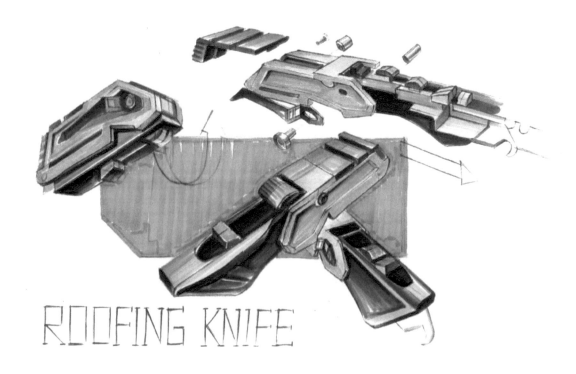

图 9-31    继续对小刀进行刻画并给背景着色

步骤五：用黑色彩铅对小刀勾边，并用白色彩铅绘制高光线，对该图进行最后的效果调整，如图 9-32 所示。

图 9-32 小刀的最终效果图

**案例 5.吸尘器**

吸尘器的整个造型可以从立方体加圆柱体入手，由简到繁地绘制其结构。

步骤一：依据吸尘器的产品特点，确定该产品的主图、辅图，以及整个版面的布局，绘制线稿，如图 9-33 所示。

图 9-33 吸尘器线稿

步骤二：确定光照的方向，分析吸尘器的明暗关系（注意分析产品的明暗交界线所在之处），用浅灰色马克笔绘制，如图9–34所示。

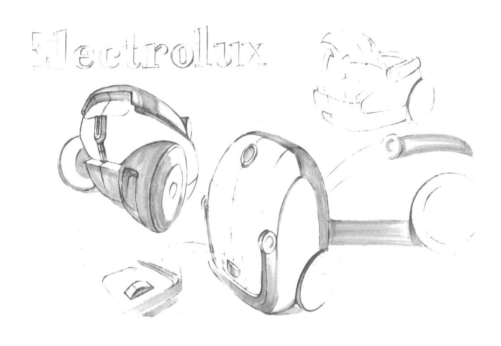

**图9–34 用浅灰色马克笔画大致的明暗关系**

步骤三：依据明暗关系及产品的颜色，用土黄色马克笔给吸尘器着色，效果如图9–35所示。

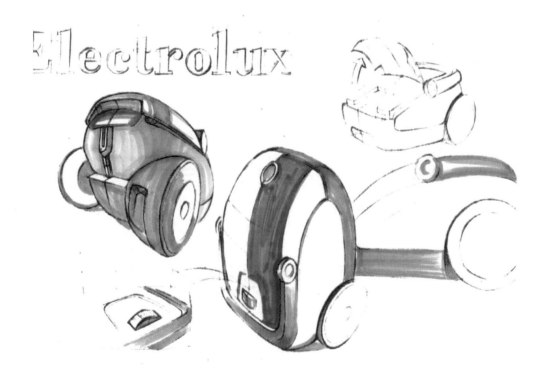

**图9–35 用土黄色马克笔给吸尘器着色**

步骤四：用深灰色马克笔继续对吸尘器进行刻画，并用黄色系马克笔给吸尘器有色面进一步上色，如图 9-36 所示。

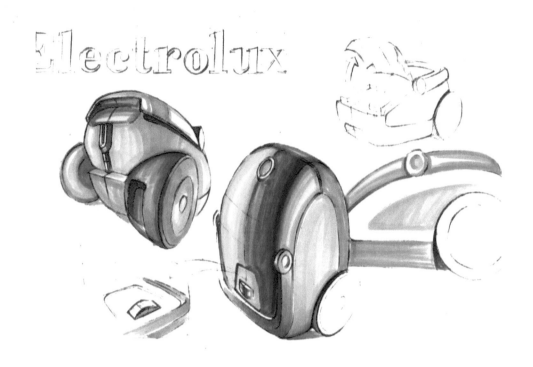

图 9-36 对吸尘器进行刻画并上色

步骤五：用深色马克笔对产品进一步刻画，并给文字上色，效果如图 9-37 所示。

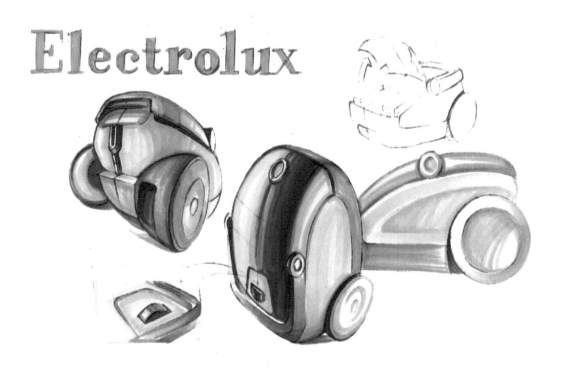

图 9-37 对吸尘器进一步刻画并给文字上色

步骤六：用黑色彩铅对吸尘器进行勾边，并用白色彩铅绘制高光线，对该图进行最后的效果调整，最终效果图如图 9-38 所示。

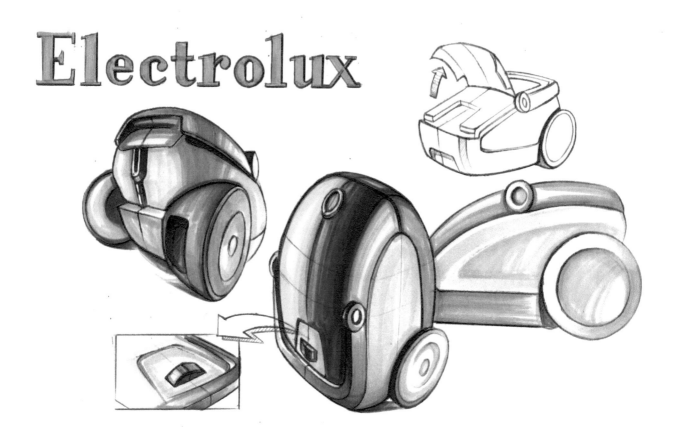

图 9-38　吸尘器的最终效果图

# 第十章

# 学 生 作 品 《《《

图 10-1 至图 10-36 所示为学生作品，供大家欣赏。

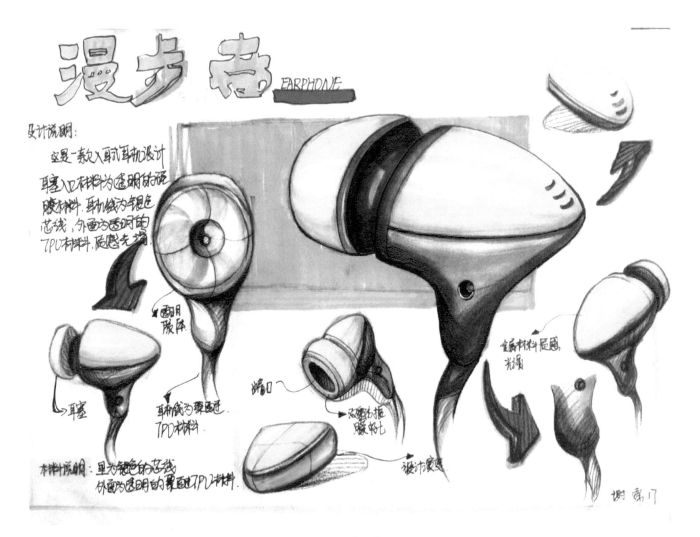

图 10-1　学生作品一

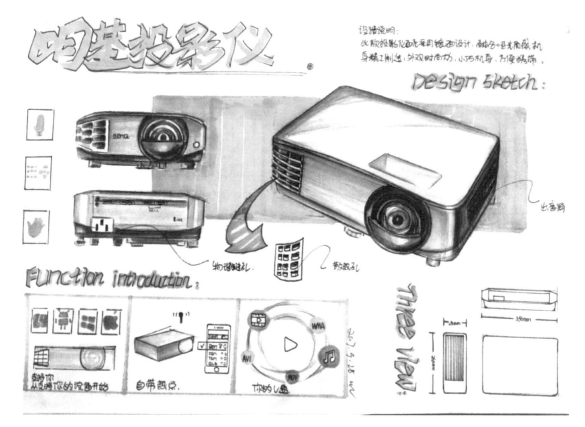

图10-2　学生作品二

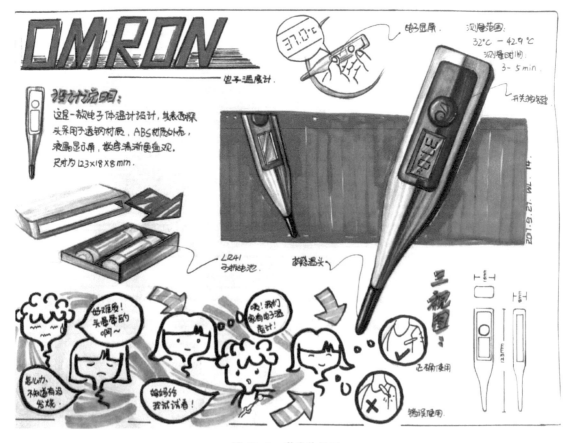

图10-3　学生作品三

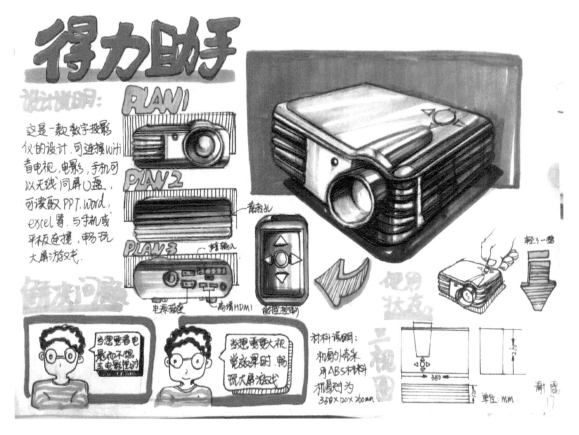

图 10-4 学生作品四

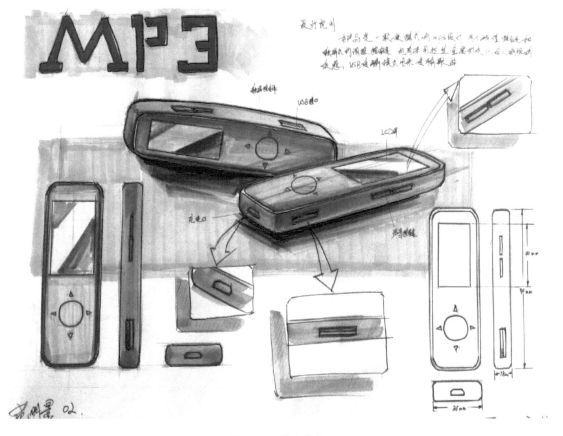

图 10-5 学生作品五

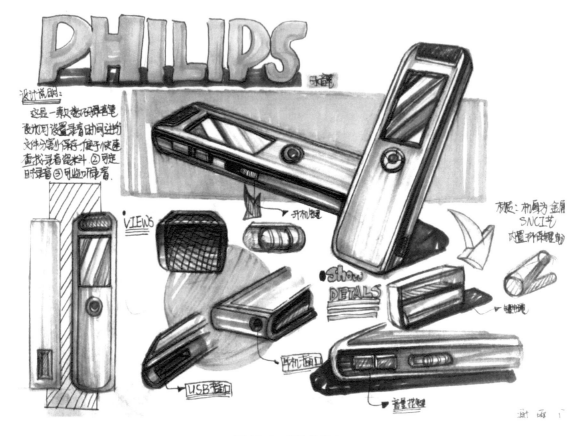

图 10-6　学生作品六

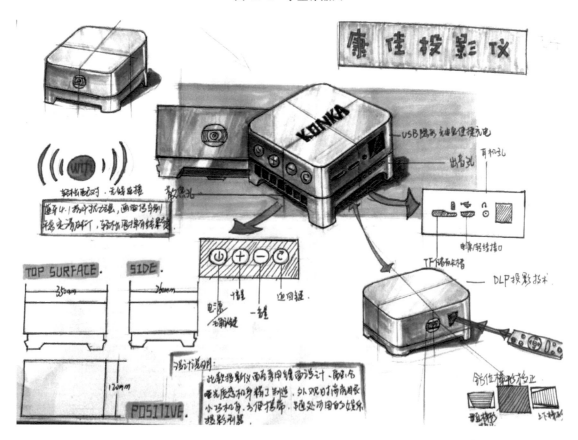

图 10-7　学生作品七

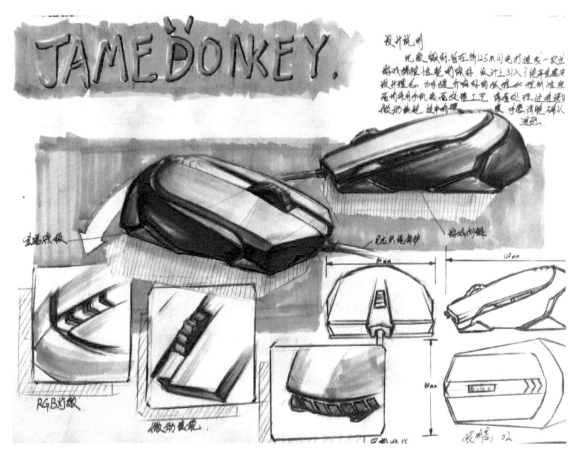

图 10-8　学生作品八

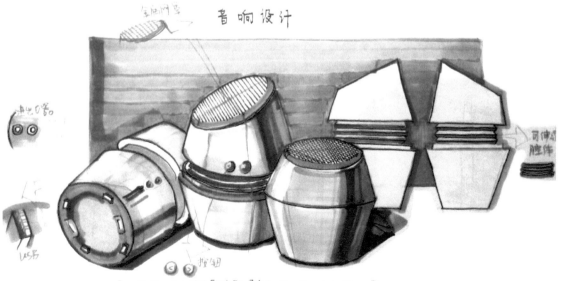

图 10-9　学生作品九

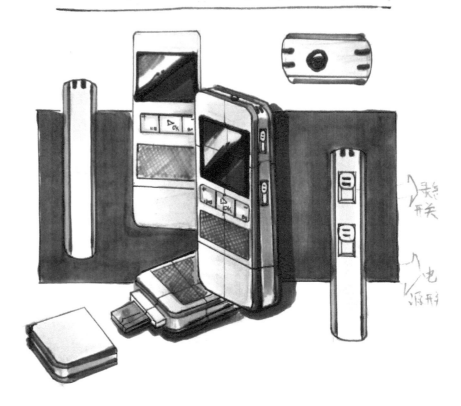

图 10-10 学生作品十

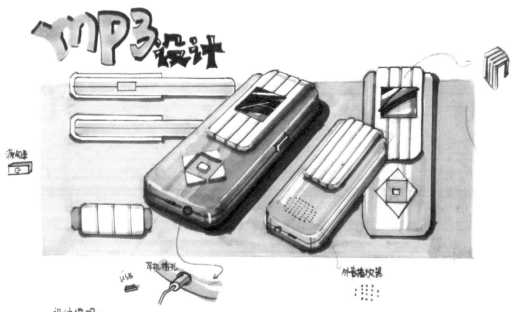

图 10-11 学生作品十一

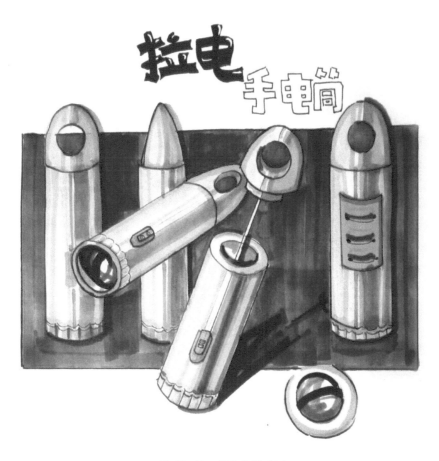

图 10-12　学生作品十二

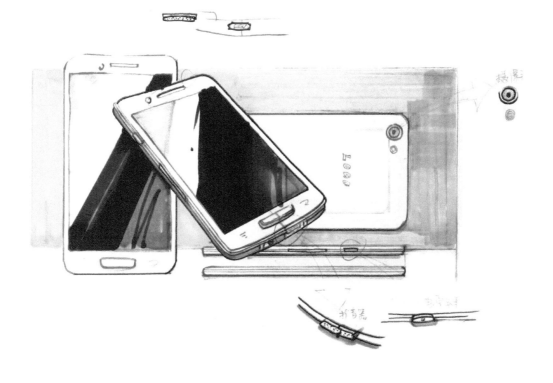

图 10-13　学生作品十三

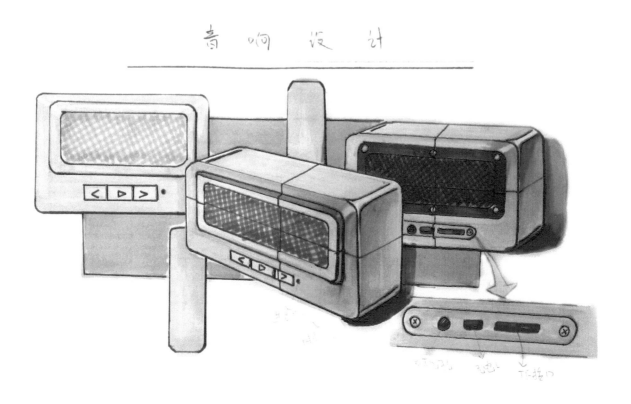

图 10-14　学生作品十四

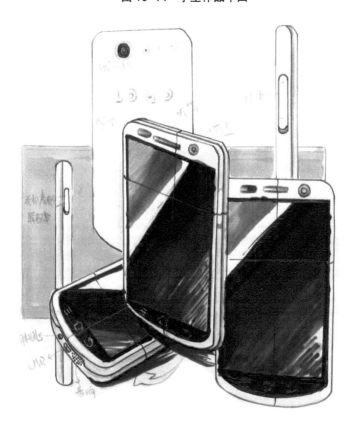

图 10-15　学生作品十五

桌面电子钟设计

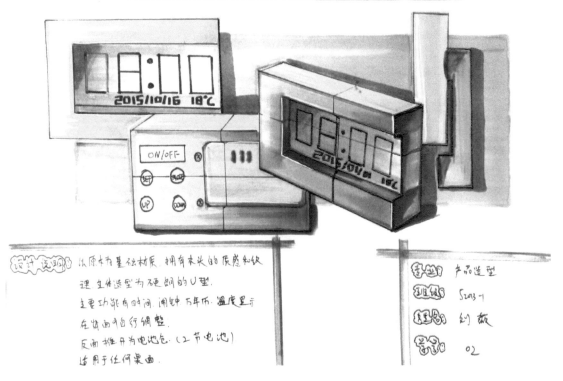

图 10-16　学生作品十六

迷你型 U 盘一级计

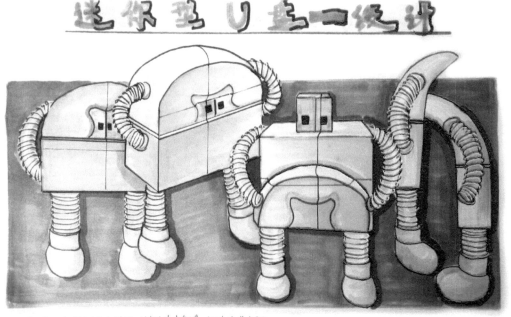

图 10-17　学生作品十七

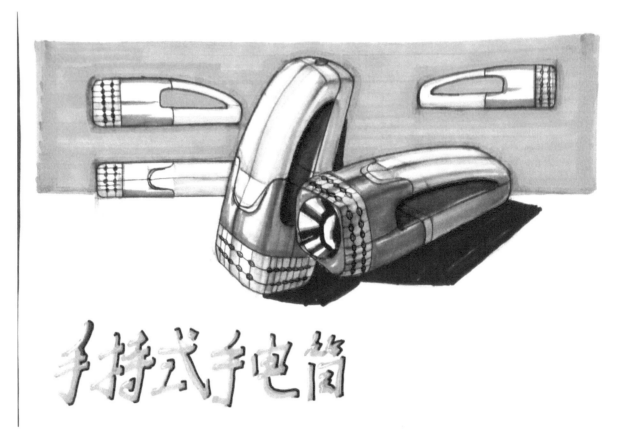

图 10-18　学生作品十八

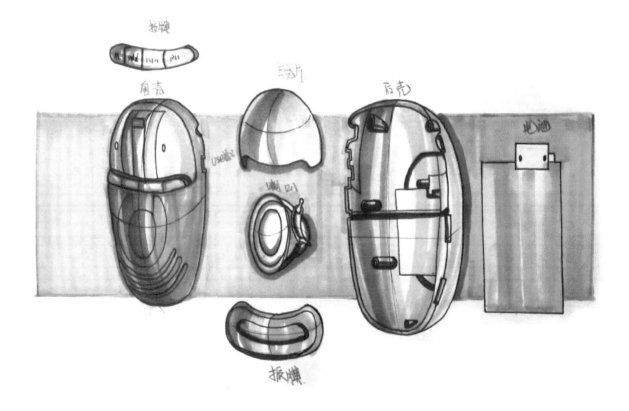

图 10-19　学生作品十九

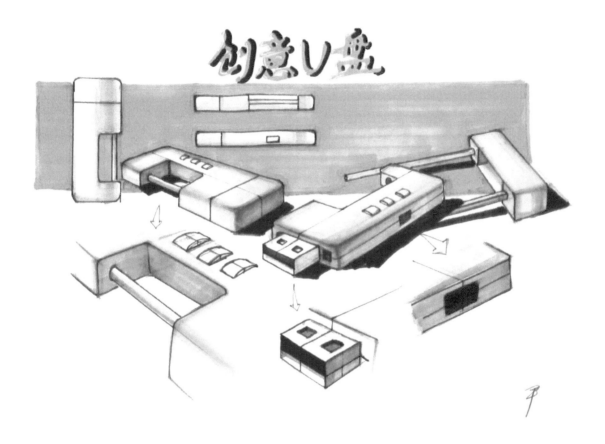

图 10-20  学生作品二十

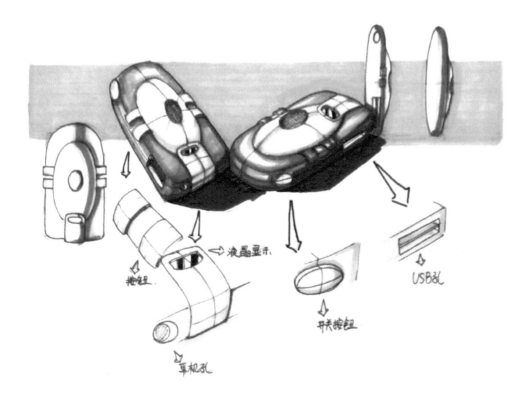

图 10-21  学生作品二十一

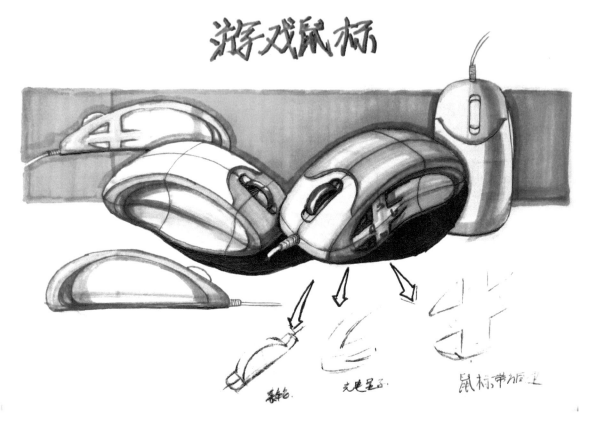

图 10-22　学生作品二十二

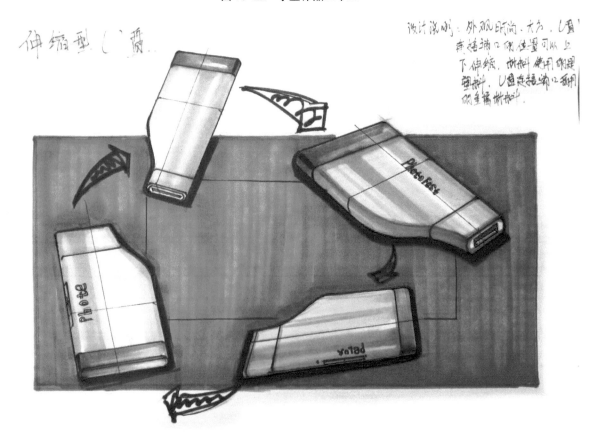

图 10-23　学生作品二十三

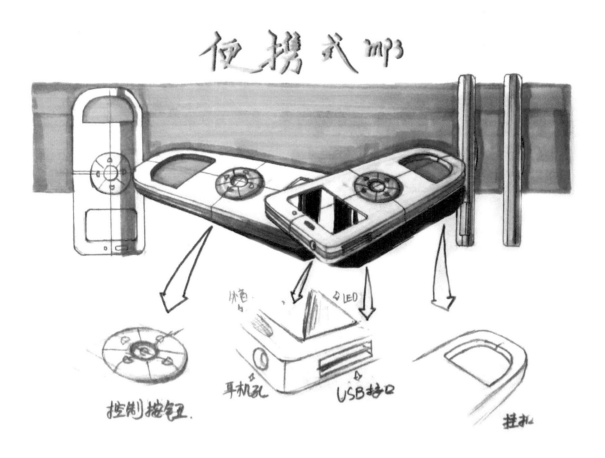

图 10-24　学生作品二十四

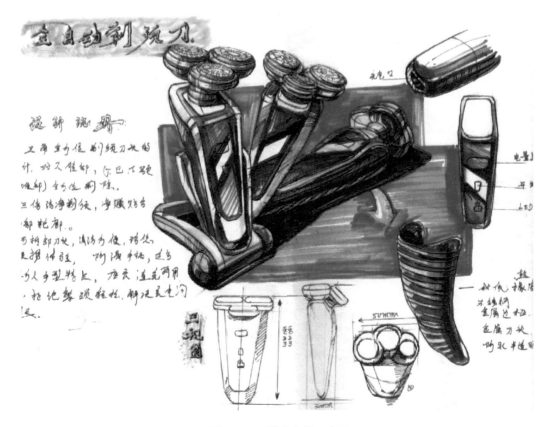

图 10-25　学生作品二十五

图 10-26　学生作品二十六

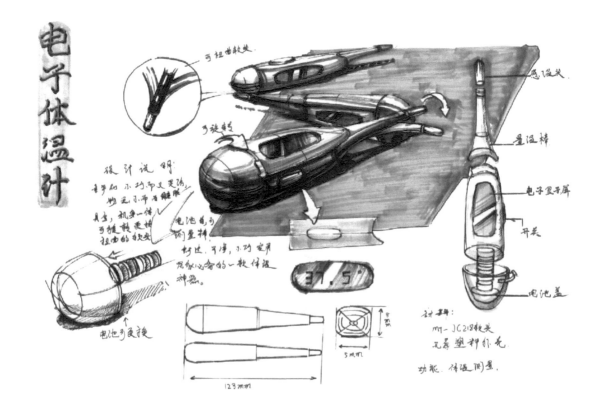

图 10-27　学生作品二十七

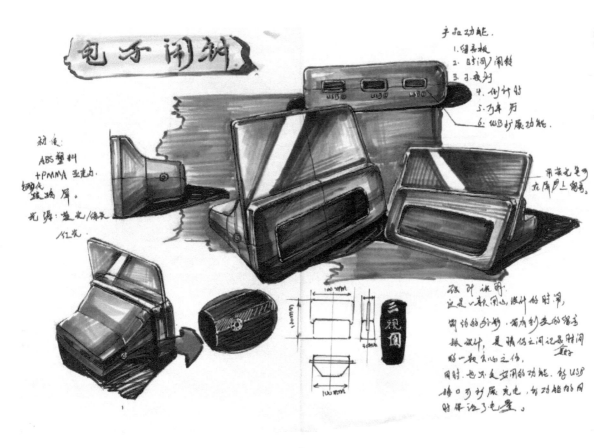

图 10-28　学生作品二十八

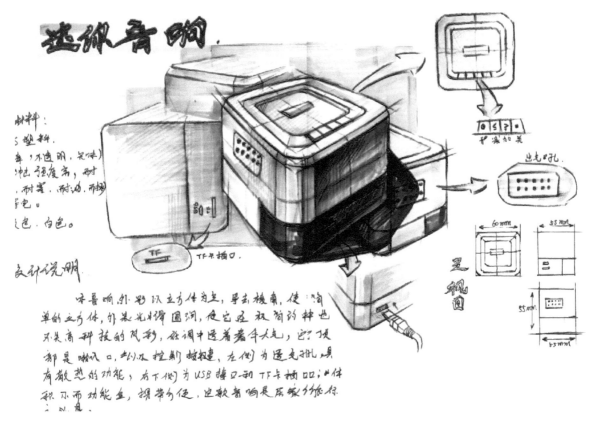

图 10-29　学生作品二十九

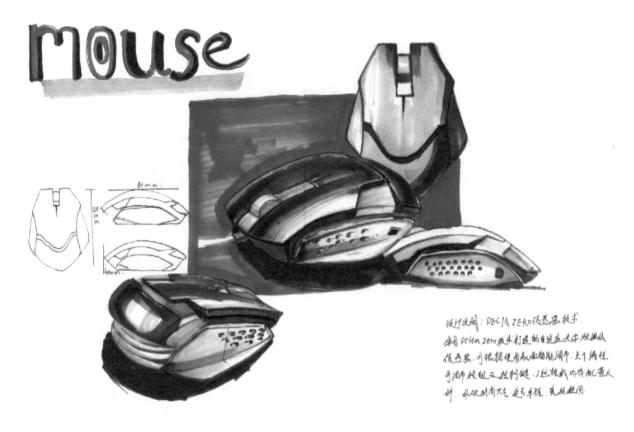

图 10-30　学生作品三十

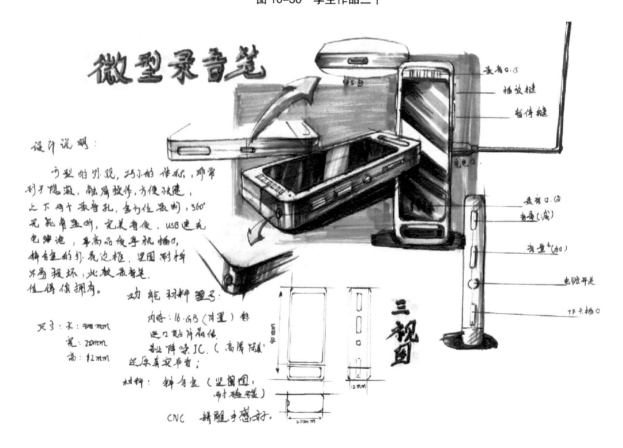

图 10-31　学生作品三十一

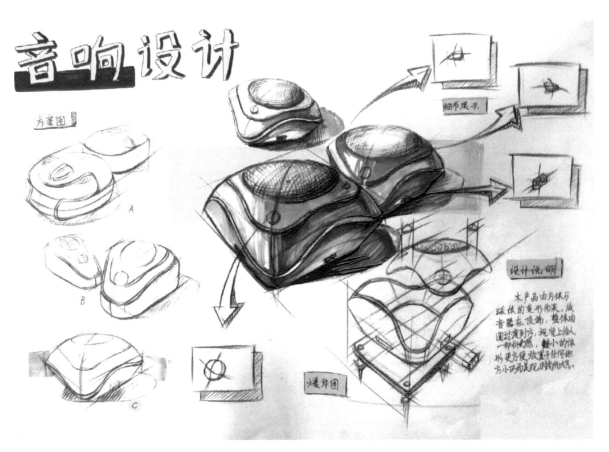

图 10-32　学生作品三十二

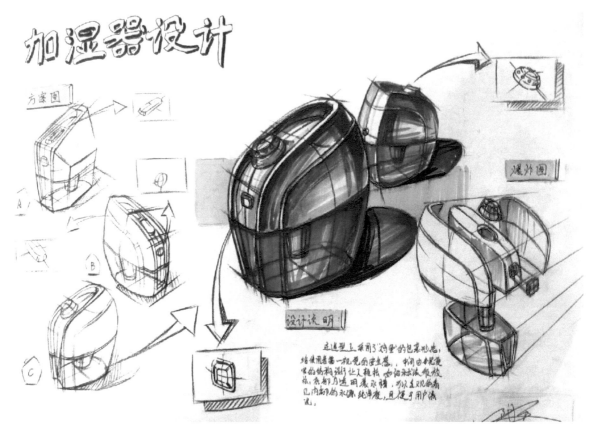

图 10-33　学生作品三十三

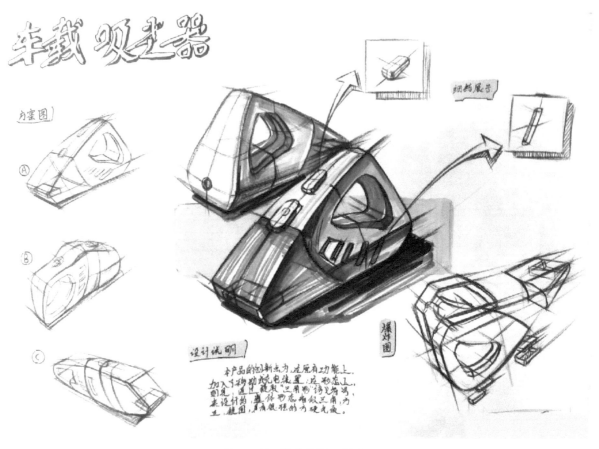

图 10-34　学生作品三十四

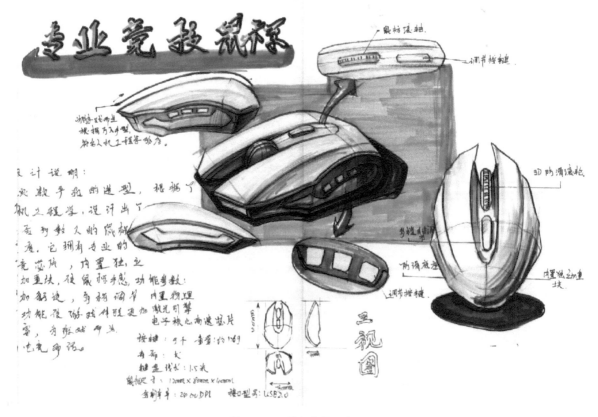

图 10-35　学生作品三十五

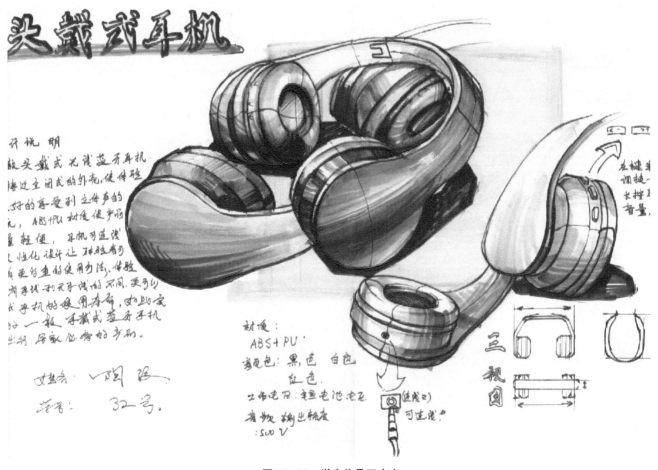

图 10-36 学生作品三十六

［1］梁军，罗剑，张帅，等.借笔建模：寻找产品设计手绘的截拳道［M］.沈阳：辽宁美术出版社，2013.

［2］〔荷〕库斯·艾森，罗丝琳·斯特尔.产品设计手绘技法：从创意构思到产品实现的技法攻略［M］.陈苏宁，译.北京：中国青年出版社，2009.